用 ESP32 ╳
Arduino IDE

學 AI 機器學習

不用靠電腦

單晶片就能訓練
神經網路、即時預測

CONTENTS

01

踏入 AIoT 的世界

AI（人工智慧）和 IoT（物聯網）是現今兩大熱門技術，它們的出現正在改變我們的生活方式，前者讓機器有了智慧，後者則是將網際網路遍及到各個裝置上。那麼當這兩者結合時，又會迸出什麼新火花呢？以下就讓我們來分別認識它們，並踏入它們攜手創造的新世界吧！

ESP32 Arduino IDE

1-1 IoT 簡介

IoT (Internet of Things)，又稱為**物聯網**，是一種技術，能讓各種普通的物體連接到網際網路，例如電燈泡、電鍋等傳統電器，手錶、手環等穿戴裝置，溫溼度感測器、人體偵測器等感測器，甚至是佛珠、戒指等小物品。由於這些裝置都能藉由網路串連起來，因此能達到許多過去意想不到的效果。

在 IoT 技術普及之前，大多數的物品都需要直接的接觸才能進行操作，拜 IoT 之賜，現在已經能夠做到遠端操作或雲端紀錄。舉例來說：炎炎夏日時，你可以在快到家前，就先用手機啟動家裡的冷氣機，這樣你一回到家就能享受舒服的空調、你也能串聯房間的空氣品質監測器和空氣清淨機，設定當空氣品質低下時，就自動開始清淨空氣。

IoT 的應用範圍相當廣泛，除了居家生活外，健康醫療、工業製造，以及物流運輸都是它的應用領域，具有良好的發展性。隨著可連網的物品不斷地增加，人們與事物的互動方式也越來越多元。

1-2 點亮未來之路：AI

🖳 開端

自從電腦被發明後，大家就著手在如何讓電腦解決更多問題，而讓電腦來模擬人類的智慧便成為了我們最大的夢想，因此就出現了**人工智慧 (Artificial Intelligence, AI)** 這個名詞。

電腦科學的實現主要是靠邏輯控制，為了要表示出邏輯思維，於是就有了符號邏輯學，為了要讓電腦理解邏輯，就有了程式語言。

許多學者都投入這個領域，開始想著各種問題要怎麼讓電腦來解決，例如，解方程式、讓機器走迷宮、自動化控制，很快的，電腦可以處理的問題越來越多，大多問題，都能靠著人工分析，轉換成程式語言，再輸入進電腦，有了大家的努力，電腦也越來越有智慧，以上的方法便稱為**規則法 (rule-based)**。

🖳 瓶頸

規則法實現的人工智慧確實有效，然而眾人逐漸發現一個問題，每次要教會電腦一個技能，就要花很多的時間與力氣，將我們熟知的解法翻譯成複雜的程式語言，如果我們不知道問題的解法，就意味著電腦也不可能學會了。這樣聽起來，不免讓人有些失望，這可不是我們嚮往的未來世界啊，按照這種作法，電腦永遠都不可能到達人類的境界，更遑論什麼智慧了。

🖳 突破

這種一個口令，一個動作的方法，並非長久之計，於是有人提出了新的看法，與其一一告訴電腦每個對應的指令，何不讓它有能力自我學習，這就是**機器學習**的概念，即準備一些問題和對應的答案給電腦後，讓它自行找出其中的規則，並且有能力針對類似的問題給出正確的回答。

機器學習成為了現在 AI 的主流，並已逐漸進入我們的生活中，小從智慧型手機的語音助理、垃圾郵件過濾，大至自駕車系統、醫療診斷…都可以看到它的應用案例。

1-3 引爆感測新浪潮：AIoT

AI 成功發展的原因，有很大部分要歸功於現今龐大的資訊量，因為 AI 需要大量的資訊來學習。而 IoT 的出現，讓遍布於各處的感測器，能無時無刻的收集資料，無疑又將資訊量提升到更高的境界，因此當兩者結合時，想必能激起不小的漣漪。此外，AI 能作為 IoT 的核心，協助人類進行全面的智慧自動化控制。

這種將 AI 導入 IoT 的概念便稱為 AIoT（智慧物聯網）。你可以將 IoT 的感測裝置視為感覺器官，而 AI 則是大腦，兩者的共同存在，可以説是完整了彼此。且不同裝置間還能藉由網路共享資訊，打造龐大的智慧聯網系統，是人類邁向未來的關鍵。以下將介紹兩種 AIoT 的實現方法：

雲端運算

將 AI 佈署到雲端裝置，感測器收到資料後會將資料送到雲端主機，計算出結果後再回傳到個人的裝置上。

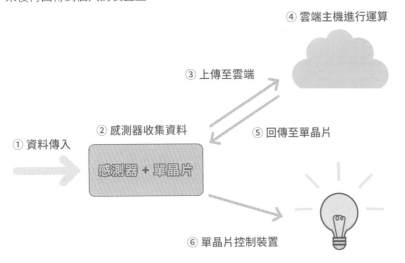

這種做法的好處是，由於雲端主機通常有強大的運算能力，所以可以放入複雜的人工智慧程式，做到更精確的判斷，但缺點是因為要傳輸資料和運算結果，所以一定會有延遲時間，且連不上網就無法運作。這是目前較為普遍的做法。

邊緣運算

將 AI 直接與感測裝置整合，也就是感測器收到資料後，便藉由其處理晶片完成運算，並可將結果直接呈現，或是再傳送到其它的裝置上。

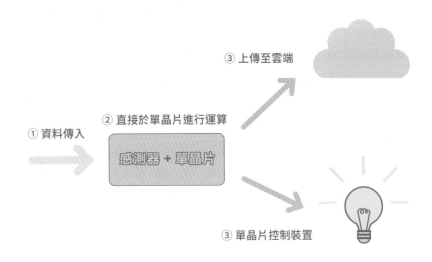

這種做法的好處是，延遲時間短，且不用擔心雲端主機發生意外，因為所有運算都在各個周邊裝置上完成，缺點是周邊裝置的運算能力較差，且記憶體空間也較小，所以勢必得將人工智慧程式進行輕量化處理，因此難度不低，當然判斷能力也不及雲端計算。

本套件會專注於**邊緣運算**，讓讀者嘗試各種不同的應用，打照自己的智慧物聯網。

02

微控制器

學習 AI 時，最常做的事情就是盯著螢幕確認數據的訓練過程和準確度，而大多數的範例都僅僅是顯示於螢幕上，無法實際運用到生活之中。本套件就要將『硬體』跟『AI』結合，讓 AI 學習結果呈現在硬體上。為了控制硬體，我們會需要電子零件的大腦－『微控制器』，而這一章會先學習微控制器的基本操作，並控制 LED 燈閃爍，後續章節再延伸至連接感測器模組，甚至直接在微控制器上建立神經網路並訓練。

2-1　ESP32 控制板簡介

ESP32 是一片**控制板**，你可以將它想成是一部小電腦，可以執行透過程式描述的運作流程，並且可藉由兩側的輸出入 (I/O) 腳位控制外部的電子元件，或是從外部電子元件獲取資訊。只要使用稍後會介紹的杜邦線，就可以將電子元件連接到輸出入腳位。

另外 ESP32 還具備 **Wi-Fi** 連網的能力，非常適合應用於 **IoT** 開發，可以將電子元件的資訊傳送出去，也可以透過網路從遠端控制 ESP32。

2-2　安裝 Arduino 開發環境

若要開發 ESP32 就必須使用相對應的開發工具，原廠提供了名為 ESP-IDF 的開發工具套件，但在建立開發環境上相當繁瑣與費時，故本套件採用較簡潔易用的 Arduino IDE 開發環境操作。

Arduino IDE

Arduino 開發平台包括 Arduino 開發板，及 Arduino IDE（整合開發環境），一般提到 Arduino 時，有時是指整個軟硬體平台，有時則單指硬體開發板或軟體的開發環境，本套件所使用的 ESP32 雖然並非 Arduino 開發板，但只要透過相關設定後，即可使用該開發環境進行開發。

下載 Arduino IDE 開發環境

首先連線至 Arduino 官網 (https://www.arduino.cc/en/software) 下載安裝軟體。使用 Windows 版的人就下載 Windows 版，使用 macOS 的人則下載 Mac OS X 版本。在此建議使用 Windows 版的人可選擇下載 **Windows Installer** 比較方便，但如果你不是電腦的管理者身分而無法安裝，則必須選第 2 項下載 ZIP 檔，再自行解壓縮。

1 請往下捲到 **Legacy IDE** 區域

2 在下載連結區選取適用的版本

點擊下載連結後，會進入下載頁面：

點選 **JUST DOWNLOAD** 下載 Arduino IDE

下載後雙按即可安裝，安裝完畢時，在桌面或工作列上會出現 Arduino 的圖示 (⚙)，表示安裝完成。

⚠ 選擇下載 ZIP 檔的讀者可以在解壓縮 ZIP 檔後，到壓縮完成的檔案路徑中找到一樣圖示的應用程式。

下載與安裝驅動程式

為了讓電腦可以連接 ESP32，以便上傳並執行我們寫的程式，請先連線 **https://www.flag.com.tw/DL?FM635A**，下載本套件**範例程式**與 ESP32 的**驅動程式**，下載後請解壓縮，即可在**驅動程式**資料夾找到檔案 CH341SER：

驅動程式安裝檔

若您使用 macOS，系統已內建驅動程式，不用安裝。

下載後請雙按執行該檔案，然後依照下面步驟即可完成安裝：

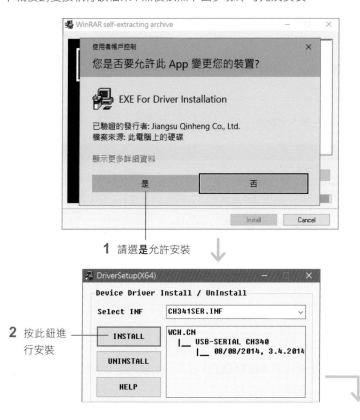

1 請選**是**允許安裝

2 按此鈕進行安裝

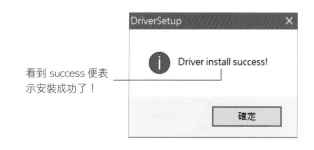

看到 success 便表示安裝成功了！

若無法安裝成功，請參考第 11 頁，先將 ESP32 開發板插上 USB 線連接電腦，然後再重新安裝一次。

🖳 新增 ESP32 開發板至 Arduino IDE

在 Arduino IDE 預設並沒有 ESP32 開發板的選項，必須透過手動方式安裝，請先連線至 ESP32 官方文件網頁 **https://reurl.cc/DdMW4O** 複製 ESP32 開發板管理員網址：

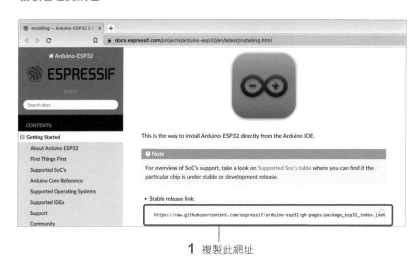

1 複製此網址

開啟 Arduino IDE 後，執行
『檔案 / 偏好設定』：

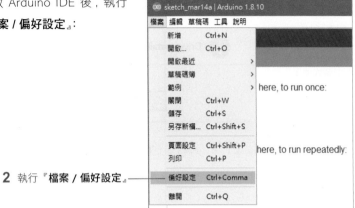

2 執行『檔案 / 偏好設定』

第一次輸入 Arduino 程式時，編輯區並不會顯示行數，如果想顯示行數，可勾選『顯示行數』，並在『額外的開發板管理員網址』中貼上步驟 1 複製的網址（**https://raw.githubusercontent.com/espressif/arduino-esp32/gh-pages/package_esp32_index.json**）：

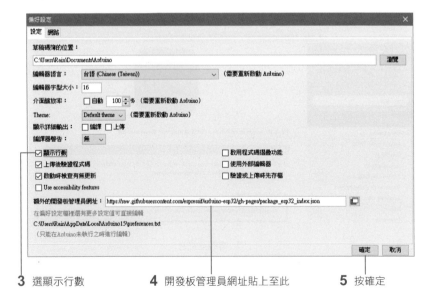

3 選顯示行數　　　　**4** 開發板管理員網址貼上至此　　　　**5** 按確定

6 執行『工具 / 開發版 / 開發板管理員』

在上方搜尋列輸入 **esp32**，待出現開發板套件後，按**安裝**，下載及安裝過程需要花一點時間：

7 輸入 esp32　　　　建議安裝 2.0.2　　　　**8** 按此安裝

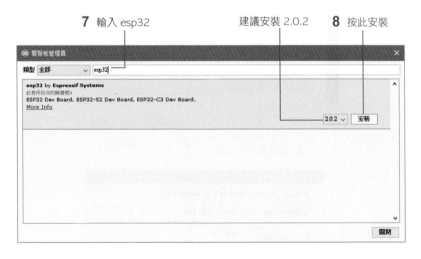

若該套件名稱後面出現 **INSTALLED** 表示已安裝完成，接著即可關閉開發板管理員：

已安裝

連接 ESP32

由於在開發 ESP32 程式之前，要將 ESP32 插上 USB 連接線，所以請先將 USB 連接線接上 ESP32 的 USB 孔，USB 線另一端接上電腦：

將 ESP32 接上電腦後，控制板上標示 "CHG" 文字旁的 LED 充電指示燈有機會為閃爍、熄滅或恆亮狀態，這是因為沒有接上電池充電可能會發生的情況，本套件不需要使用充電電池，無需理會燈號。若正常充電狀態，指示燈會恆亮，充飽後會熄滅。

LED 充電指示燈 ——

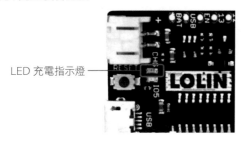

選擇 ESP32 開發板與序列埠

選取所使用的開發板

選取『**工具 / 開發板**』，從列表中選擇 **ESP32 Arduino / LOLIN D32**：

點選工具項，從開發板列表中選擇 LOLIN D32

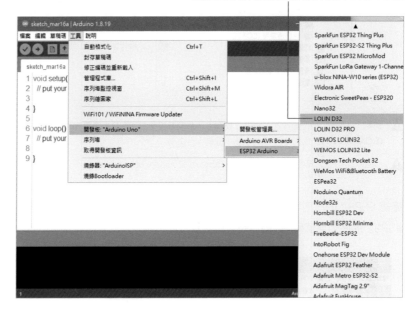

設定序列埠

選好開發板之後，同樣從**工具**下方點選**序列埠**，依照每個人電腦的情況不同，序列埠的編號會不一樣。那麼如何知道我的 ESP32 是連接哪個序列埠呢？將電腦連接上 ESP32 板後，可以在螢幕左下角的 ⊞ 按滑鼠**右鈕**或按鍵盤上的『 ⊞ + X 』即可找到**裝置管理員**，再展開分類**連接埠 (COM 與 LPT)**，找到名稱為 **USB-SERIAL CH340** 即是 ESP32 的連接埠，括號中為序列埠號碼，例如筆者的電腦是將 ESP32 分配到 COM3。

在 **連接埠 (COM 與 LPT)** 分類中, 裝置名稱為 USB-SERIAL CH340 即是 ESP32 的連接埠

⚠ 使用 Windows 7 的讀者可以經由『**控制台 / 系統及安全性 / 系統 / 裝置管理員 / 連接埠 (COM 與 LPT)**』找到 ESP32 的序列埠號碼。

⚠ macOS 上的序列埠名稱開頭為 /dev/cu/usbserial 或 /dev/cu.wchusbserial。

確認 ESP32 的序列埠號碼後, 回到 Arduino IDE, 經由『**工具 / 序列埠**』選擇 ESP32 的序列埠號碼, 並確認是否與裝置管理員所顯示的連接埠號碼相同:

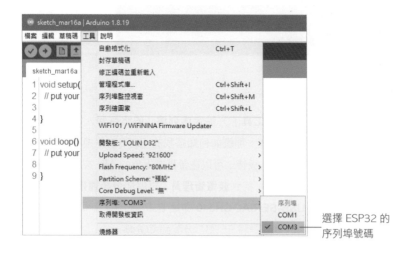

選擇 ESP32 的序列埠號碼

2-3 Arduino 程式基本架構

打開 Arduino 程式開發環境, 將 ESP32 連接上電腦後, 就可以開始寫程式了。但在此之前, 需要先了解 Arduino 的程式開發環境。

在視窗最上方寫著「sketch_mar27a | Arduino 1.8.12」。"sketch_mar27a" 是預設的檔名, "sketch" 是指程式碼的意思, 後方的 "mar27" 是表示撰寫此程式碼的日期 3 月 27 日, 每天都會自動更新日期。後面的 "a" 則是當天的第一份程式碼, 若當天再寫第二份程式時, 則會出現 "b", 以此類推。至於 Arduino 1.8.12 則是 Arduino 版本的編號, 你的版本可能會不同。

Arduino IDE 預設會建立新專案, 並以日期當做新專案的名稱

功能表列
快捷鈕列

程式編輯區

Arduino IDE 預先產生的程式結構 (參見 LAB01)

訊息區 (例如編譯成功、失敗訊息, 上傳成功、失敗訊息等)

目前使用的控制板型號及序列埠編號

LAB01▶閃爍 LED

實驗目的

撰寫第一個程式並上傳到 ESP32, 讓 LED 燈重複亮起一秒後再熄滅一秒, 藉此確認到目前為止的硬體設備與軟體安裝的步驟皆正確無誤。

線路圖

無。

設計原理

LED, 又稱為發光二極體, 具有一長一短兩隻接腳, 若要讓 LED 發光, 則需對長腳接上高電位, 短腳接低電位, 像是水往低處流一樣產生高低電位差讓電流流過 LED 即可發光。LED 只能往一個方向導通, 若接反就不會發光。

電流

高電位　　低電位
長腳　短腳

為了方便使用者, ESP32 板上相鄰充電指示燈的位置, 已經內建了一個藍色 LED 燈（標示 IO5）, 這個 LED 的短腳連接到板子上的 **5 號腳位**, LED 長腳則連接到高電位處。剛剛提到當 LED 長腳接上高電位, 短腳接低電位, 產生高低電位差讓電流流過即可發光, 所以我們在程式中只要將 **5 號腳位**設為低電位, 即可點亮這個內建的 LED 燈。

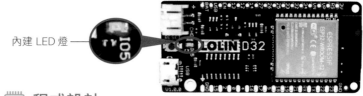

內建 LED 燈

程式設計

請在 Arduino IDE 的**程式碼編輯區**輸入以下程式, 每行程式 "//" 後面的文字不用輸入：

```
void setup() {
  pinMode(5, OUTPUT);
}

void loop() {
  digitalWrite(5, HIGH);   // 熄滅 LED (將腳位設為高電位)
  delay(1000);             // 暫停 1 秒鐘
  digitalWrite(5, LOW);    // 點亮 LED (將腳位設為低電位)
  delay(1000);             // 暫停 1 秒鐘
}
```

輸入完成後的編輯區如下：

```
LAB01 | Arduino 1.8.19                                    —   □   ×
檔案 編輯 草稿碼 工具 說明

LAB01 §

 1 void setup() {
 2   pinMode(5, OUTPUT);
 3 }
 4
 5 void loop() {
 6   digitalWrite(5, HIGH);   // 熄滅 LED(將腳位設為高電位)
 7   delay(1000);             // 暫停 1 秒鐘
 8   digitalWrite(5, LOW);    // 點亮 LED(將腳位設為低電位)
 9   delay(1000);             // 暫停 1 秒鐘
10 }
```

需要注意在編輯區輸入程式碼時，要確認**大小寫都與上方的程式碼一致，除區塊始末的大括號外，輸入的每一行結尾都要加上代表這一行結束的 "；"**（分號）。

在程式中有些是 Arduino 的程式庫預先設計好的函式，我們只要知道它的用法，就可以直接使用。

● **pinMode(pin, mode)** 是設定腳位 (pin) 模式 (mode) 的函式。例如：pinMode(5, OUTPUT) 就是把控制板的第 5 號數位 I/O 腳位設為 OUTPUT 模式。因為數位 I/O 腳位可以作為輸入 (INPUT) 或輸出 (OUPUT)，因此在使用前，需要用 pinMode(pin, mode) 函式來設定腳位為輸出或輸入模式。我們在此選擇輸出模式 (OUTPUT) 用來點亮 LED。請注意！pinMode() 的 M 一定要大寫，因為 Arduino 程式是有區分大小寫的。

⚠ 控制內建 LED 燈除了輸入該腳位編號之外，也可使用 Arduino 的內建常數：**LED_BUILTIN** 表示內建 LED 燈腳位。

● **digitalWrite(pin, 電位高低)** 函式是把 HIGH 或 LOW 電位輸出到指定的 pin 腳位。例如 digitalWrite(5, HIGH) 就是把 5 號腳位設為高電位。

● **delay()** 函式能夠讓程式延遲 (delay) 一段時間。delay() 函式的時間單位是以毫秒（千分之一秒）計算。例如改變 LED 腳位的電位高低後執行 delay(1000)，就會使 LED 在亮或滅的狀態維持 1000 毫秒（1 秒）的時間。

在新開程式碼檔案的 setup() 及 loop() 區塊內各有一行以 "//" 開頭的文字，那是方便人們解讀程式碼的註解，沒有實質參與程式運作。加了 "//" 後，該行後方的所有文字會呈現淺灰色。如此一來，在執行時，註解文字會被忽略，不會被當作程式的一部份。

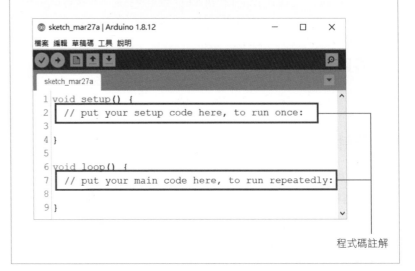

程式碼註解

輸入完程式碼後按下位於 IDE 左上角的驗證鈕 ✓ 確認程式碼是否有誤。

新開的檔案第一次驗證時都會需要先儲存檔案，請先命名為 **Lab01** 並按**存檔**：

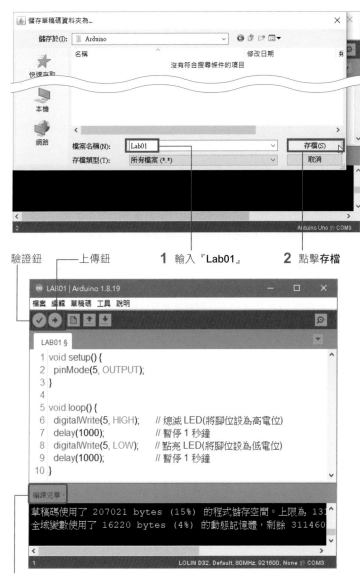

驗證鈕　　上傳鈕　　**1** 輸入『**Lab01**』　　**2** 點擊**存檔**

驗證成功時此處顯示 " 編譯完畢 "

⚠ **編譯**是 IDE 將程式編輯區中人們寫好的程式碼翻譯成機器讀得懂的檔案的過程。

驗證成功後按下驗證鈕右方的上傳鈕（ ➡ ），將程式碼上傳到 ESP32。

如果在 macOS 12.3(Monterey) 作業系統編譯過程
出現錯誤訊息，可以參考以下教學：

https://hackmd.io/@meebox/Syu6gRlS9

🖥 **實測**

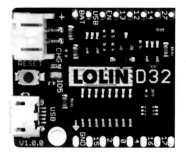

上傳程式碼後會看到 ESP32 板子上的
藍色 LED 燈重複亮起一秒後熄滅一秒。

2-4 Arduino 使用 C++ 程式語言

剛剛在 Arduino IDE 中撰寫的程式語言為 C++，一般情況下只會使用到
C++ 語言中簡單的部分，這一小節將逐步帶您了解 Arduino 程式撰寫的規
則與流程。

⚡ **用內建 LED 學 Arduino C++**

本套件著重於 AI 實作，對於 C++ 程式語言基礎不
會在本書中多加著墨，有興趣的讀者可以參考我們
的延伸教學：

https://hackmd.io/@flagmaker/SkVoe2hMc

打開 Arduino IDE 後,在程式編輯區中會自動出現幾行程式碼:

```
1 void setup() {
2   // put your setup code here, to run once:
3
4 }
5
6 void loop() {
7   // put your main code here, to run repeatedly:
8
9 }
```

Arduino 程式的基本架構是由 setup() 和 loop() 兩個區塊構成

這就是 Arduino 程式的基本架構,其中 setup() 和 loop() 分別是初始化區塊及執行區塊,我們在寫程式時,就是將程式碼寫在 setup() 和 loop() 後方的大括號 "{}" 範圍內。

Arduino 程式運作流程

Arduino 的程式都依照下列流程運作:

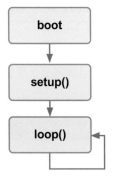

Arduino 通電啟動時會先執行開機程序 (boot),之後執行一次 setup() 區塊內的程式碼,再來就會不斷重複執行 loop() 內的程式碼。

setup()

因為每次開機時都只會執行一次,所以 setup() 區塊通常負責初始設定,普遍用法是在程式一開始先做一些前期設定的工作,在 LAB01 中就是將第 5 號數位 I/O 腳位設為 OUTPUT 模式,緊接著執行 loop() 區塊。

loop()

loop 是**迴圈**的意思,迴圈就像是在跑步滾輪中的寵物鼠,會在固定的範圍內重複不間斷地做同樣的事,而 loop() 內的程式碼就如同不停滾動的滾輪,會從 loop() 區塊的第一行執行到最後一行後重返第一行不斷執行下去,直到關掉電源或重開機為止。loop() 區塊的內容是程式的主要核心,大部分的功能都會在此執行。

本套件中所有 LAB 的 Arduino 程式碼都可以由此網址下載:
https://www.flag.com.tw/DL?FM635A

03

用 AIfES 玩轉 AI

為了讓大家都能更快速方便地實作機器學習，不必被繁瑣的低階語法所牽制，FLAG_AIfES 可以讓使用者注重於發想更多機器學習相關應用。

3-1 AI 人工智慧

開端

自從電腦發明以來，大家就著手在如何讓電腦解決更多問題，而讓電腦來模擬人類的智慧便成為了我們最大的夢想，因此就出現了**人工智慧 (Artificial Intelligence, AI)** 這個名詞。

電腦科學的實現主要是靠邏輯控制，為了要表示出邏輯思維，於是就有了符號邏輯學，為了要讓電腦理解邏輯，就有了程式語言。

許多學者都投入這個領域，開始想著各種問題要怎麼讓電腦來解決，例如，解方程式、讓機器走迷宮、自動化控制，很快的，電腦可以處理的問題越來越多，大多問題，都能靠著人工分析，轉換成程式語言，再輸入進電腦，有了大家的努力，電腦也越來越有智慧，以上的方法便稱為**規則法 (rule-based)**。

瓶頸

規則法實現的人工智慧確實有效，然而眾人逐漸發現一個問題，每次要教會電腦一個技能，就要花很多的時間與力氣，將我們熟知的解法翻譯成複雜的程式語言，如果我們不知道問題的解法，就意味著電腦也不可能學會了。這樣聽起來，不免讓人有些失望，這可不是我們嚮往的未來世界啊，按照這種作法，電腦永遠都不可能到達人類的境界，更遑論什麼智慧了。

突破

這種一個口令，一個動作的方法，並非長久之計，於是有人提出了新的看法，與其一一告訴電腦每個對應的指令，何不讓它有能力自我學習，這就是**機器學習 (Machine Learning, ML)** 的概念。

3-2 機器學習

機器學習根據不同應用會使用不同的學習法，概略可以分為**監督式學習** (Supervised learning) 與**非監督式學習** (unsupervised learning)，其中的差別是前者所使用的訓練資料集會事先給予**標記** (label)，即是準備一些問題和對應的答案給電腦後，透過合適的演算法讓它自行找出其中的規則，並且有能力針對類似的問題給出正確的回答，常見的**迴歸分析** (Regression Analysis)、**統計分類** (Classification) 即是屬於監督式學習，本套件實作皆為此類。

3-3 神經網路

在機器學習中目前最主流的方法便是**類神經網路 (Artificial Neural Network, ANN, 後面簡稱神經網路)**，這是一種利用程式來模擬神經元的技術。**神經元**是生物用來傳遞訊號的構造，又稱為神經細胞，正是因為有它的存在，人類才可以感覺到周遭的環境、做出動作。神經元主要是由樹突、軸突、突觸所構成的，樹突負責接收訊號，軸突負責傳送，突觸則是將訊號傳給下一個神經元或接收器。

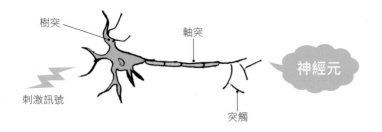

科學家利用這個原理，設計出一個模型來模擬神經元的運作，讓電腦也有如同生物般的神經細胞：

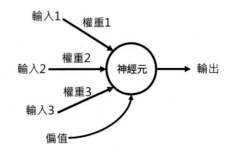

以上就是一個人工神經元，它有幾個重要的參數，分別是：輸入、輸出、權重及偏值。**輸入**就是指**問題**，我們可以依照問題來決定神經元要有幾個輸入；**輸出**則是**解答**；而**權重**和**偏值**就是要自我學習的**參數**。

人工神經元的運作原理是把所有的輸入分別乘上不同的權重後再傳入神經元，偏值會直接傳入神經元，神經元會把所有傳入的值相加後再輸出，以上的人工神經元用數學式子可以表示成：

輸出 = 輸入 1× 權重 1 + 輸入 2× 權重 2 + 輸入 3× 權重 3 + 偏值

接下來，為了讓讀者能理解人工神經元的原理，我們將輸入簡化為 1 個，並以迴歸問題來講解。

神經元如何學習迴歸問題

以下為只有 1 個輸入的人工神經元：

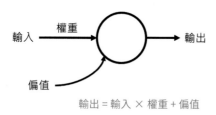

輸出 = 輸入 × 權重 + 偏值

迴歸問題

所謂的迴歸問題，指的就是找到**兩組資料之間的對應關係**，例如，我們想知道某一班學生的身高和體重是否相關，或是說能否用身高來推測某位學生的體重，這就是一個迴歸問題。要解決這個問題，首先一定要從資料下手：

身高	體重
150	40
152	48
155	45
158	50
160	55
162	56
165	58
170	59
172	62
175	65
180	68
185	72

接著將這些資料以點畫在平面座標上，其中 X 軸為身高，Y 軸為體重：

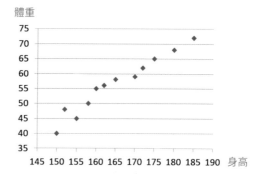

從以上的圖中，可以看出有一條線能將這些點大致連起來：

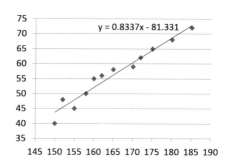

這條線其實就是一個函數，只要輸入身高就能得到體重。這就是迴歸的目的：建立兩組資料間的對應函數。而單一輸入的神經元便能表示出這個函數：

體重 = 身高 × 0.8337 - 81.331

這樣你應該知道為什麼神經元會這樣設計了！不過以上只是一個很簡單的例子，很多時候，兩組資料間的關係，可能難以一條直線函數來表示，例如下方的資料：

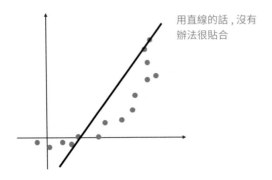

用直線的話，沒有辦法很貼合

激活函數

這時候我們就需要在函數中加入**非線性度**來解決，所謂的非線性代表此函數含有彎曲或轉折，而**激活函數** (activation function) 便能在神經元輸出之前進行非線性計算，再將值輸出：

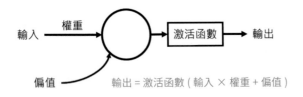

輸出 = 激活函數 (輸入 × 權重 + 偏值)

激活函數有相當多種，其中最常用的便是 ReLU 函數，因為它的計算方式很簡單，只要讓小於 0 的數值都等於 0 即可：

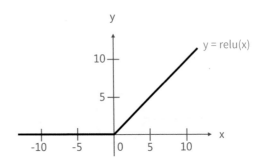

把這個函數加入原本的神經元，那麼它就能產生有轉折的非線性函數，因此能更貼近資料：

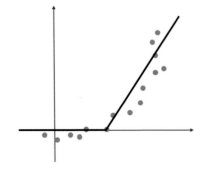

如果想讓函數再更進一步的貼近資料，就要導入更多非線性度，做法是將多個神經元串連在一起：

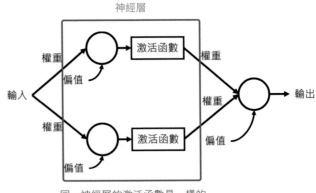

同一神經層的激活函數是一樣的

上圖中，上下並排的神經元合稱為神經層。同一個神經層中，每個神經元會共用同一個激活函數，由於多個有激活函數的神經元，等同提供了更多非線性度（如果是 ReLU 就是一次轉折），所以生成的函數又更貼近資料了：

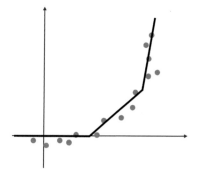

神經網路

至此，我們知道，神經元不僅可以單獨存在，還可以多個搭配使用。另外，為了讓預測更準確，也能加入更多輸入資料，例如想預測房租，那可能需要房子坪數、房子所在樓層、是否可以開伙、是否可以養寵物等資料，這些輸入用的資料又稱為**特徵 (feature)**。這樣一來能將多個神經元組成如下的結構：

⚠ 下圖為了簡化，因此省略了偏值和激活函數以增加可讀性。

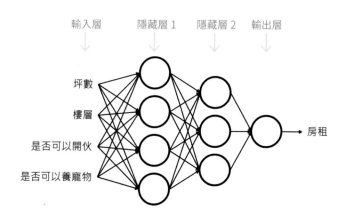

以上這種將多個神經元組成神經層，再將多個神經層堆疊起來的結構便稱為**神經網路**，其中輸入資料的部分稱為**輸入層**，中間的部分稱為**隱藏層**，一個神經網路可以有很多隱藏層，以增加更多的非線性度，最後則是**輸出層**，完整的神經網路又可以稱為**模型 (model)**。

使用神經網路時，我們可以任意決定要用幾層神經層、每個神經層中要有多少神經元，以及要搭配什麼激活函數，只要將它想成是一個很厲害的函數產生器就好，我們要做的，就是把資料輸入進去，讓它自動學習，找出一個複雜的對應函數。如果學習成功，便能利用它來解決問題，根本不用知道那個函數的數學式子是什麼，因此又稱神經網路為一個黑盒子呢！

學習完畢的神經網路，就像一個輸入問題就會給出答案的黑盒子

神經元的學習過程

看到這裡的讀者一定很好奇，神經網路是怎麼學習的呢？一開始的神經元什麼都不會，因此權重和偏值都是亂猜的，所以輸出的答案也是不對的，不過它會比對你給的資料來進行調整，直到它的輸出與你給的資料一致：

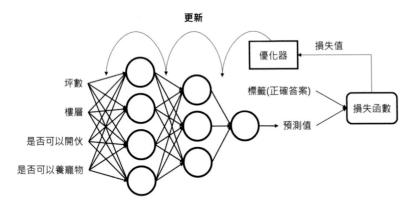

神經元計算後的輸出稱為**預測值 (prediction)**，我們給的正確答案則稱為**標籤 (label)**，用來計算神經元預測值和標籤誤差的，就是**損失函數 (loss function)**，計算出來的值稱為**損失值 (loss)**，越大代表誤差越多，有這個數值神經元才知道該怎麼調整它的參數，不同問題會搭配不同損失函數，像是迴歸問題就會使用**均方誤差 (Mean Squared Error, MSE)**。

⚠ 除了迴歸問題之外，還有二元分類問題、多元分類問題等等，它們搭配的損失函數都不相同，這在之後的章節和實驗會一一介紹。

📖 知識補給站

均方誤差 (MSE)，是將每筆標籤減掉預測值（即誤差值）取平方，再取平均值。

標籤：
$$y_1 、 y_2 、 y_3 、 y_4 、 y_5 \cdots y_n$$

預測值：
$$\widehat{y_1} 、 \widehat{y_2} 、 \widehat{y_3} 、 \widehat{y_4} 、 \widehat{y_5} \cdots \widehat{y_n}$$

MSE：
$$\frac{\sum_{i=1}^{n}(y_i - \widehat{y_i})^2}{n}$$

接著**優化器 (optimizer)** 會利用損失值來更新權重和偏值，調整神經元，讓損失值降低，這個學習過程稱為**訓練**，由於它更新的方向是由後往前（先更新後面層再更新前面層），因此又被稱之為**反向傳播法 (Backpropagation, BP)**。不同優化器的更新方式也會有點不同，但它們主要都會使用**梯度下降 (Gradient descent)**，所以接下來會介紹一下什麼是梯度下降。

梯度下降 (Gradient descent)

理論上只要能讓損失函數輸出最小損失值，就代表此時的權重和偏值是最佳參數，然而損失函數需要代入神經網路的輸出，而神經網路中存在大量的未知數（權重和偏值），這導致我們無法知道損失函數的全貌，這樣還怎麼找到最小損失值呢？

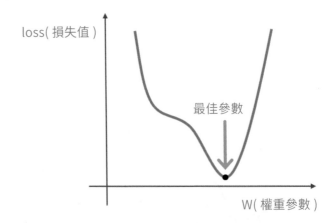

梯度下降法便是為了解決這個問題而產生的，雖然我們不知道損失函數的全貌，但可以利用損失值來取得當下參數的梯度（使用數學的偏微分），這個梯度便是朝向更小損失值的方向，因此只要將參數往該方向修正，就能靠近最小損失值。這個方法可以用以下例子來直觀的理解，想像你是一個在山上迷路的登山客，此時山中充滿濃霧，導致你無法看清山的全貌，想下山的你，只能透過有限的視野來查看地形，確認自己是否在往下走。此例子中，你就代表了神經網路中的參數、山的樣貌代表損失函數、山腳下代表最小損失值，而用有限視野看出下山方向就是梯度。

這是一種利用逐步向前的方式來得到最小損失值 (loss) 的方法，因此要訓練好一個神經網路，往往需要許多的**訓練週期 (epoch)**，而控制每個更新步伐的大小也成為了很重要的關鍵。

梯度

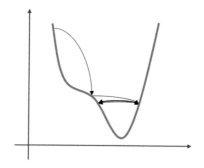

甚至會發生損失值爆炸，反而離最低點越來越遠：

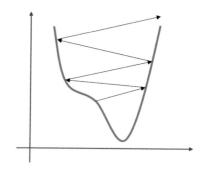

太小的學習率，則會讓梯度下降時速度太慢，導致要花相當多個訓練週期，才能完成學習。

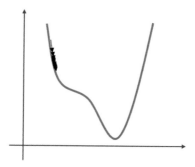

學習率 (learning rate)

學習率 (learning rate)，便是用來控制學習步伐大小的參數，這個數值通常介於 0~1。太大的學習率會導致太大的步伐，可能讓梯度下降時，發生損失值震盪，因而無法找到最小的損失值。

因此選擇適當的學習率，才能在結果與時間上取得平衡，這通常是需要依靠經驗來調整的。

雖然每個優化器都是使用梯度下降來更新神經網路，但不同優化器會再加上不同的方法，讓訓練過程更加順利，這些方法主要用了兩個概念：**自適應 (Adaptive)** 和 **動量 (Momentum)**，所謂自適應是指自動調整學習率，由於神經網路剛訓練時，離最小損失值還很遠，所以此時可以將學習率放大，以求更快地往目標前進，而快到達目標時，則要逐漸縮小學習率，才不會錯過目標，避免發生震盪，透過這樣的調整，不僅有更快的訓練速度，也能有更好的訓練結果。

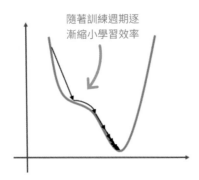

動量則是用來解決 2 個在梯度下降時可能發生的問題：

● **問題 1**　學習速度太慢。如果連續幾次的梯度都很大，則動量可讓移動速度加快，因此可以增加學習的速度。

● **問題 2**　停留在區域最低點。假設有一顆小球在下圖中由最高點往下滾，那麼加上動量（慣性）因素後，小球就比較有可能衝出區域最低點，而到達全域最低點：

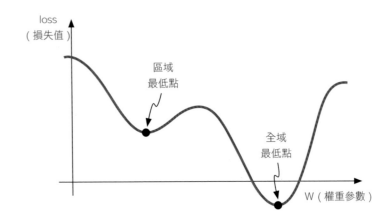

不同優化器可以調整的參數也略微不同，常見的優化器有：SGD (Stochastic gradient descent, 隨機梯度下降)、RMSprop (Root mean square propagation, 方均根反向傳播) 及 Adam (Adaptive moment estimation, 適應性矩估計)。

接下來的章節我們將介紹本套件會使用到的機器學習程式庫，並透過自己訓練模型，來完成各種機器學習實作。

3-4 AlfES 簡介

AlfES（Artificial Intelligence for Embedded Systems）是一個用 C 語言編寫的機器學習程式庫，由 Fraunhofer IMS 研究所開發，其針對嵌入式系統進行了優化，這意味著 AlfES 除了可以在智慧型手機和個人電腦運行之外，也幾乎可以在任何微控制器上運行。

為了與 Arduino 合作，Fraunhofer IMS 實現了與 Arduino 兼容的 AlfES 版本：**AlfES for Arduino**，讓我們可以使用 Arduino IDE 在 Arduino 系列控制板上進行基於 AlfES 的程式開發。

AlfES 能直接在設備中進行神經網路的訓練，訓練後的權重參數可以儲存下來，供未來使用 AlfES 建立神經網路模型時，能直接載入已訓練好的權重參數進行預測，而不需要重新訓練模型。除了使用上述的方式之外，也可以透過 AlfES for Arduino 程式庫提供的工具程式，從其他機器學習軟體框架（例如：tf.Keras 等），匯出已經訓練好的權重參數，並直接載入到 AlfES 建立的神經網路模型以進行預測。

🖳 安裝 AlfES for Arduino

為了要在 Arduino IDE 使用 AlfES 我們必須先安裝 AlfES for Arduino 程式庫到 Arduino IDE 的環境，具體安裝步驟如下：

1 點選『**工具 / 管理程式庫**』

2 在搜尋欄位輸入 **AlfES**

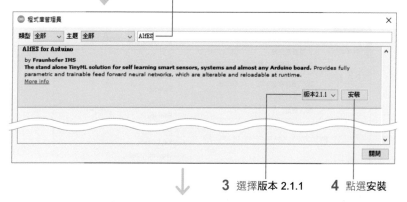

3 選擇**版本 2.1.1**　　**4** 點選**安裝**

安裝成功會顯示版本 2.1.1 INSTALLED

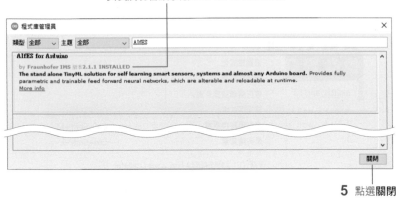

5 點選關閉

安裝 FLAG_AlfES

由於 AlfES 原生的函式在使用上較為複雜，所以**旗標科技**對 AlfES 進行了封裝，簡化了神經網路的建構、訓練、預測等流程。為了使用**旗標科技**所開發的程式庫，必須先行安裝該程式庫，具體安裝步驟如下：

1 點選『草稿碼 / 匯入程式庫 / 加入 .ZIP 程式庫…』

2 選取範例資料夾中的『程式庫 \ FLAG_AlfES.zip』

3 點選**開啟**，即可進行**安裝**

⚠ 範例程式下載網址 https://www.flag.com.tw/DL?FM635A。

安裝成功會顯示**已加入程式庫**。請檢查選單「匯入程式庫」

安裝 ArduinoJson

因為 FLAG_AIfES 內部有使用到 ArduinoJson 程式庫，故需安裝該程式庫，具體安裝步驟如下：

1 點選『**工具 / 管理程式庫**』，並在搜尋欄位輸入 **ArduinoJson**

2 選擇**版本 6.19.4**　**3** 點選**安裝**

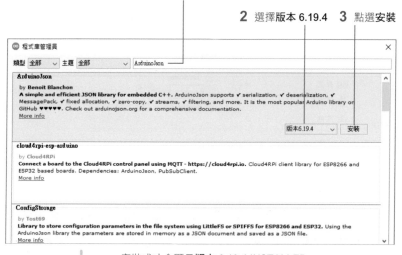

安裝成功會顯示**版本 6.19.4 INSTALLED**

4 點選**關閉**

安裝 ESP32 檔案系統上傳工具

後續的章節內容，會需要將資料檔與模型檔上傳至 ESP32 的檔案系統，為了能在 Arduino IDE 直接上傳電腦端的檔案到 ESP32，我們必須先安裝 ESP32 檔案系統上傳工具到 Arduino IDE 的環境，具體安裝步驟如下：

1 開啟瀏覽器，並連線到網址 **https://reurl.cc/3jqqLL** 下載 **ESP32FS-1.0.zip**。

2 開啟 Arduino IDE 並點選『**檔案 / 偏好設定**』

3 複製草稿碼簿的位置

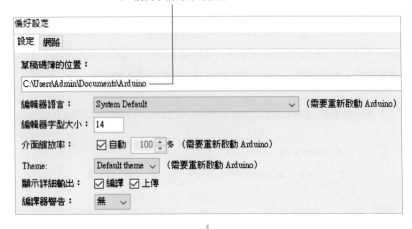

偏好設定

設定 | 網路

草稿碼簿的位置：
C:\Users\Admin\Documents\Arduino

編輯器語言： System Default （需要重新啟動 Arduino）

編輯器字型大小： 14

介面縮放率： ☑ 自動 100 ⌄⌃ % （需要重新啟動 Arduino）

Theme: Default theme （需要重新啟動 Arduino）

顯示詳細輸出： ☑ 編譯 ☑ 上傳

編譯器警告： 無 ⌄

4 開啟檔案總管，在路徑欄位貼上**草稿碼 簿的位置**，按 Enter 後開啟該資料夾

5 選擇**新增資料夾**

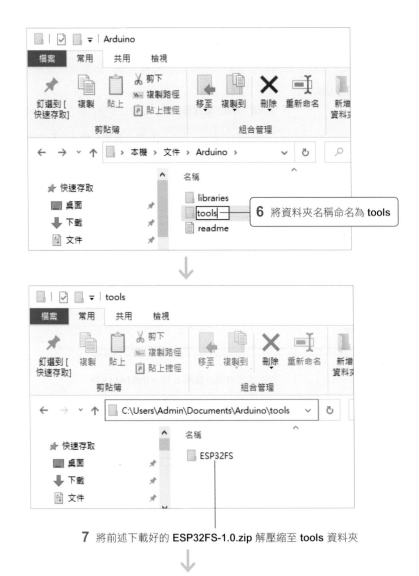

6 將資料夾名稱命名為 **tools**

7 將前述下載好的 **ESP32FS-1.0.zip** 解壓縮至 **tools** 資料夾

8 **重新啟動** Arduino IDE, 並點選『**工具**』

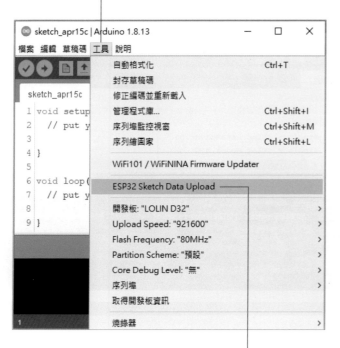

若看到 **ESP32 Sketch Data Upload**, 則代表**安裝成功**

LAB02 ▶ 第一個機器學習模型

實驗目的

使用 Kaggle 網站提供的『30-39 歲美國女性的身高與平均體重資料集』, 來建立第一個機器學習模型, 找出身高與體重之間的關係, 藉此來了解建立與訓練一個機器學習模型的過程, 並在訓練完畢後評估訓練的成效。

設計原理

上傳資料集檔案至 ESP32

因為運行程式時會使用到『30-39 歲美國女性的身高與平均體重資料集』作為訓練資料與測試資料, 所以需要先用 ESP32 檔案上傳工具將該資料集從電腦端上傳到 ESP32。資料集已經存放在與 LAB02 相同目錄下的 data 資料夾中了, 不過在上傳檔案之前, 讓我們先來看一下訓練資料檔案的內容, 請先開啟**範例程式 LAB02\data\dataset\women_train.txt**：

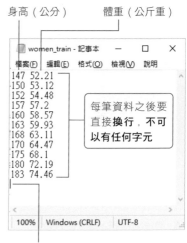

身高（公分）　　體重（公斤重）

每筆資料之後要直接**換行**, 不可以有任何字元

最後一筆資料之後要**換行**且**換行後不可以有任何字元**

⚠ 以這個例子來說，特徵資料就是身高，體重則是標籤資料。特徵與標籤需用**一個空白分開**，每筆資料之後要直接換行，不可以有任何字元。同理，最後一筆資料之後也要換行，換行後不可以有任何字元。若未依照上述格式編輯資料，則後續使用程式讀取資料時會出錯。基於上述，測試資料檔案（即 **LAB02\data\dataset\women_test.txt**）的格式也是一樣的。

了解檔案的內容格式後，我們將訓練資料與測試資料從電腦上傳至 ESP32，上傳檔案的方法如下：

開啟**範例程式 LAB02\LAB02.ino** 並點選『**工具 / ESP32 Sketch Data Upload**』，它會自動將 LAB02 底下的 data 資料夾內容，全部上傳到 ESP32

⚠ 請確保序列埠的埠號是正確的。

顯示 **SPIFFS Image Uploaded** 代表檔案**上傳成功**

上傳資料集至 ESP32 後，我們來看生成一個神經網路的流程，通常會包含以下 4 個部分：

後續一一介紹。

1 資料預處理

訓練神經網路前，通常會將資料分為『訓練集』和『測試集』，**訓練集**就像學生在學習時寫的例題；**測試集**就像期末考試。神經網路訓練時只會看到訓練集的資料，訓練完畢後，用測試集來考它，看看它的學習成效如何，這樣能確保神經網路不是一個只會背答案的學生，而是真的有解決問題的能力。我們已預先從『30-39 歲美國女性的身高與平均體重資料集』取 4 筆資料來做為測試資料，其餘 11 筆資料則做為訓練資料。所以底下程式我們會先讀取訓練集來做模型的訓練，待訓練完成後我們再讀取測試集來做模型的評估。

讀取資料集要用到 **Flag_DataReader** 模組，需事先匯入：

```
#include <Flag_DataReader.h>
```

匯入模組後就可以宣告物件，其中包含了讀取訓練資料與測試資料會用到的物件

```
// 讀取資料的物件
Flag_DataReader trainDataReader;
Flag_DataReader testDataReader;

// 指向存放資料的指位器
Flag_DataBuffer *trainData;
Flag_DataBuffer *testData;
```

透過 trainDataReader 提供的 read 方法來讀取訓練用的特徵資料與標籤資料，該方法第 1 個參數為檔案存放在 ESP32 的路徑，這個路徑是以 data 資料夾為根目錄的路徑；第 2 個參數為讀取模式選擇，因為本範例處理的是迴歸問題，所以模式選擇為 trainDataReader.MODE_REGRESSION, 程式如下：

```
// 迴歸類型的訓練資料讀取
trainData = trainDataReader.read(
  "/dataset/women_train.txt",
  trainDataReader.MODE_REGRESSION
);
```

讀取完訓練資料後要進行資料預處理，因為梯度下降法對於經過縮放後的資料較易於訓練，所以在代入神經網路前，需要先**縮放資料**。而縮放資料的方式不只一種，這裡採用『標準化』(Standardization)，**先將資料減掉平均值，再將其除以標準差**。經過標準化後，每種資料都是以 0 作為基準，標準差作為單位。trainDataReader 在匯入資料時會自動計算平均值與標準差，可由其回傳的 trainData 獲取平均值與標準差。綜合上述說明的程式如下：

```
// 取得訓練特徵資料的平均值
float mean = trainData->featureMean;

// 取得訓練特徵資料的標準差
float sd = trainData->featureSd;

// 縮放訓練特徵資料：標準化
for(int j = 0;
    j < trainData->featureDataArryLen; // 特徵資料陣列元素個數
    j++)
{
  trainData->feature[j] =
      (trainData->feature[j] - mean) / sd;
}
```

從上面的程式碼可以發現，標準化使用的『平均值』和『標準差』只包含**訓練集**，而不是使用全部資料。這是因為稍後會用『測試集』對模型進行測試，如果這時將測試集也一併拿來計算平均值和標準差，就會造成**資料洩漏**（將未知樣本的資訊洩漏給模型，以致後面測試時發生預測結果不錯的假象）。

除了特徵資料以外，**標籤資料也需要進行資料縮放**，前面有說過資料縮放的方式不只一種，這裡標籤採用的是**除以最大標籤的絕對值**。trainDataReader 在匯入資料時會自動計算最大標籤的絕對值，可由其回傳的 trainData 獲取最大標籤的絕對值。綜合上述說明的程式如下：

```
// 取得最大訓練標籤資料的絕對值
foat labelMaxAbs = trainData->labelMaxAbs;

// 縮放訓練標籤資料：除以最大標籤的絕對值
for(int j = 0;
    j < trainData->labelDataArryLen;   // 標籤資料陣列元素個數
    j++)
{
  trainData->label[j] /= labelMaxAbs;
}
```

2 建立神經網路模型

使用神經網路相關功能要用到 **Flag_Model 模組**，需事先匯入：

```
#include <Flag_Model.h>
```

匯入模組之後就可以宣告神經網路模型的物件：

```
// 神經網路模型
Flag_Model model;
```

為了要設定神經網路的參數，我們先透過 **Flag_ModelParameter** 結構宣告一個 modelPara：

```
Flag_ModelParameter modelPara;
```

modelPara 包含所有神經網路所需的參數，待 modelPara 設置完畢後，再呼叫 model.begin() 將 modelPara 作為引數傳入即可完成神經網路的建立。

首先定義神經網路的架構，至於要建構幾層，以及每層要有幾個神經元，只能靠以往的經驗或不斷的測試才知道。以下我們透過 **Flag_LayerSequence** 結構陣列來定義一個包含輸入層共 4 層的神經網路：

```
Flag_LayerSequence nnStructure[] = {
  { // 輸入層
    .layerType = model.LAYER_INPUT,
    .neurons =  0,
    .activationType = model.ACTIVATION_NONE
  },
  { // 第 1 層隱藏層
    .layerType = model.LAYER_DENSE,
    .neurons =  5,
    .activationType = model.ACTIVATION_RELU
  },
  { // 第 2 層隱藏層
    .layerType = model.LAYER_DENSE,
    .neurons = 10,
    .activationType = model.ACTIVATION_RELU
  },
  { // 輸出層
    .layerType = model.LAYER_DENSE,
    .neurons =  1,
    .activationType = model.ACTIVATION_RELU
  }
};
```

其中各層參數解釋如下：

● layerType：設定此神經層是甚麼類型，共有下列 2 種選項：

model.LAYER_INPUT	輸入層
model.LAYER_DENSE	密集層

● neurons：設定此神經層有多少個神經元。以此例來說，輸入層僅做為資料輸入介面並無神經元，第 1 層隱藏層有 5 個神經元，第 2 層隱藏層有 10 個神經元，輸出層有 1 個神經元。

● activationType：設定此神經層使用的激活函數，共有下述 6 種選項：

model.ACTIVATION_RELU	relu 函數
model.ACTIVATION_SIGMOID	sigmoid 函數
model.ACTIVATION_SOFTMAX	softmax 函數
model.ACTIVATION_LINEAR	linear 函數
model.ACTIVATION_TANH	tanh 函數
model.ACTIVATION_NONE	不使用激活函數

本實驗僅有用到 relu 函數與不使用激活函數兩種選項，若後續章節有用到其餘激活函數類型會再做介紹。

當神經網路結構定義好後，就可以設定給 modelPara.layerSeq。另外還須設定 layerSize，即神經網路的層數，讀者可以直接輸入（以此例而言為 4），也可以透過 **FLAG_MODEL_GET_LAYER_SIZE()** 自動計算：

```
modelPara.layerSeq = nnStructure;
modelPara.layerSize =
  FLAG_MODEL_GET_LAYER_SIZE(nnStructure);
```

再來是透過 modelPara.inputLayerPara 設定輸入特徵資料的維度，需使用 **FLAG_MODEL_2D_INPUT_LAYER_DIM()** 來設定：

```
modelPara.inputLayerPara =
  FLAG_MODEL_2D_INPUT_LAYER_DIM(
    trainData->featureDim
  );
```

前述所有設定是定義神經網路本身的參數，接著要設定訓練神經網路要用的損失函數與優化器。由於這是迴歸問題，所以使用之前所說的均方誤差 (mean square error)，並且設定優化器為 model.OPTIMIZER_ADAM，如此能利用 learningRate 來調整學習率以及使用 epochs 參數來控制訓練週期：

```
modelPara.lossFuncType  = model.LOSS_FUNC_MSE;
modelPara.optimizerPara = {
  .optimizerType = model.OPTIMIZER_ADAM,
  .learningRate = 0.001,
  .epochs = 2000
};
```

⚠ Adam 是最常使用到的優化器之一，因為它同時具備了我們先前所說的自適應和動量，所以本書皆會使用 Adam 優化器來尋找最佳權重。

到這裡 modelPara 已設置完畢，接著呼叫 model.begin() 並將 modelPara 作為引數傳入來完成神經網路的建立。

```
model.begin(&modelPara);
```

3 訓練神經網路模型

神經網路模型建立好後即可開始進行訓練。首先我們須先定義訓練用的特徵張量與標籤張量。在機器學習中，因為資料的形式與複雜度不一，所以統一用張量來處理。張量跟 C/C++ 的陣列很像，例如在 2 維張量中，我們可以使用張量的第 1 維表示第幾筆資料，第 2 維則表示該筆資料內容，適合用在多筆序列資料的場合；又如 3 維張量，我們可以使用張量的第 1 維表示第幾筆資料，後 2 維則表示該筆資料內容，適合用在多筆圖像資料的場合。而 AIfES 張量與 C/C++ 陣列主要差異在於張量是一個結構型別，除了資料本身以外，還帶有其他結構資訊可供存取。不論特徵張量還是標籤張量都須使用 **aitensor_t** 來宣告。設定張量的簡單方式是透過 **AITENSOR_2D_F32()** 來設定，該函式的參數如下：

● shape：其為一個 2 維陣列，用來記錄此張量的形狀。第 1 個元素表示此張量帶有的資料筆數，第 2 個元素則表示每筆資料的維度。以本例而言，shape 的設定如下：

```
// 創建訓練用的特徵張量
uint16_t train_feature_shape[] = {
    trainData->dataLen,    // 特徵資料筆數
    trainData->featureDim  // 特徵資料維度
};
// 創建訓練用的標籤張量
uint16_t train_label_shape[] = {
    trainData->dataLen,    // 標籤資料筆數
    trainData->labelDim    // 標籤資料維度
};
```

● 資料來源：指定此張量中的資料其實際對象為何。以本例而言，就是 trainData 的 feature 與 label。

綜合上述說明，設定張量的程式如下：

```
aitensor_t train_feature_tensor = AITENSOR_2D_F32(
    train_feature_shape,    // 特徵資料形狀
    trainData->feature      // 特徵資料來源
);

aitensor_t train_label_tensor = AITENSOR_2D_F32(
    train_label_shape,      // 標籤資料形狀
    trainData->label        // 標籤資料來源
);
```

定義好特徵張量和標籤張量後，即可呼叫 model 中的 train() 並將訓練用的特徵張量和標籤張量作為引數傳入，讓神經網路進行訓練：

```
// 訓練模型
model.train(
    &train_feature_tensor,
    &train_label_tensor
);
```

為了能讓我們知道訓練的狀況，神經網路在訓練時，會回傳 Loss 值。我們可以透過 Arduino IDE 提供的『**序列埠監控視窗**』來查看訓練的 Loss 值是否有下降，開啟序列埠監控視窗的方式詳見於後續**實測**一節說明。

在程式中時常有印出訊息的需求，像是程式除錯，或是與使用者互動等，特別好用。要讓 ESP32 能在電腦上顯示訊息，要使用 Serial 物件與電腦通訊，首先透過 Serial.begin() 進行序列埠初始化：

```
// 序列埠設置
Serial.begin(115200);
```

其中 115200 是鮑率的設定，是 ESP32 與電腦之間傳遞資料的速率，單位為 bps (bits per second)。

若想印出訊息，可以透過 Serial.print() 來實現，例如印出損失值：

```
Serial.print(loss);
```

若想在印出損失值的結尾有換行的效果可以改用：

```
Serial.println(loss);
```

有了 Serial 的 print() 與 println() 我們就可以適時的印出我們想觀看的資訊。如下圖所示：

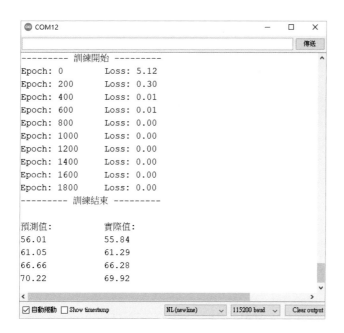

4 評估神經網路模型

訓練完模型後，我們要用它來做測試集的預測，以進行模型的評估。如同 trainDataReader 的使用方式，透過 testDataReader 提供的 read 方法來讀取測試用的特徵資料與標籤資料：

```
// 迴歸類型的測試資料讀取
testData = testDataReader.read(
  "/dataset/women_test.txt",
  testDataReader.MODE_REGRESSION
);
```

接著使用 for 迴圈，依序將測試用的特徵資料做標準化，並將預處理過後的特徵資料加入到測試用的輸入張量，然後呼叫 model.predict() 將輸入張量作為引數傳入，即可進行每筆測試資料的預測：

```
for(uint32_t i = 0; i < testData->dataLen; i++){
  // 測試資料預處理
  testData->feature[i] =
    (testData->feature[i] - mean) / sd;

  // 模型預測
  uint16_t test_feature_shape[] = {
    1, // 每次測試一筆資料
    testData->featureDim
  };
  aitensor_t test_feature_tensor = AITENSOR_2D_F32(
    test_feature_shape,
    &testData->feature[i]
  );
  aitensor_t *test_output_tensor;

  test_output_tensor = model.predict(
    &test_feature_tensor
```

```
  );
  …
}
```

在進行每筆資料預測後，model.predict() 都會回傳一個輸出張量，藉由 model 提供的 getResult() 方法我們可以從輸出張量中取得預測值，因為標籤的標準化是採用**除以最大標籤的絕對值**，所以為了還原回原本標籤值的範圍，我們也須將 labelMaxAbs 一併傳入 model.getResult() 以還原回原先的標籤值範圍：

```
float predictVal;
model.getResult(
  test_output_tensor,
  labelMaxAbs,
  &predictVal
);
```

在評估神經網路的階段，我們一般會印出預測值與實際值的訊息，來觀察預測值與實際值的差異是否已達可接受的範圍。若可接受，則代表模型訓練成功，否則須重新設計神經網路的結構或是重新調整訓練參數，然後再次訓練，直到預測值與實際值的差異達到可接受的範圍才算訓練成功。

🖳 程式設計

⚠️ 範例程式下載網址 https://www.flag.com.tw/DL?FM635A。

依照設計原理來實現的完整程式碼如下：

```
001: /*
002:     第一個機器學習模型
003:         -- 找出 30-39 歲美國女性的身高與平均體重的關係。
004: */
005: #include <Flag_DataReader.h>
006: #include <Flag_Model.h>
007:
008: // -----------全域變數------------
009: // 讀取資料的物件
010: Flag_DataReader trainDataReader;
011: Flag_DataReader testDataReader;
012:
013: // 指向存放資料的指位器
014: Flag_DataBuffer *trainData;
015: Flag_DataBuffer *testData;
016:
017: // 神經網路模型
018: Flag_Model model;
019: // ----------------------------
020:
021: void setup() {
022:   // 序列埠設置
023:   Serial.begin(115200);
024:
025:   // ---------------- 資料預處理 ------------------
026:   // 迴歸類型的訓練資料讀取
027:   trainData = trainDataReader.read(
028:     "/dataset/women_train.txt",
029:     trainDataReader.MODE_REGRESSION
030:   );
031:
032:   // 取得訓練特徵資料的平均值
033:   float mean = trainData->featureMean;
034:
035:   // 取得訓練特徵資料的標準差
036:   float sd = trainData->featureSd;
037:
038:   // 縮放訓練特徵資料：標準化
039:   for(int j = 0;
040:       j < trainData->featureDataArryLen;
```

```
041:        j++)
042:    {
043:      trainData->feature[j] =
044:        (trainData->feature[j] - mean) / sd;
045:    }
046:
047:    // 取得最大訓練標籤資料的絕對值
048:    float labelMaxAbs = trainData->labelMaxAbs;
049:
050:    // 縮放訓練標籤資料：除以最大標籤的絕對值
051:    for(int j = 0;
052:        j < trainData->labelDataArryLen;
053:        j++)
054:    {
055:      trainData->label[j] /= labelMaxAbs;
056:    }
057:
058:    // ---------------- 建構模型 --------------------
059:    Flag_ModelParameter modelPara;
060:    Flag_LayerSequence nnStructure[] = {
061:      { // 輸入層
062:        .layerType = model.LAYER_INPUT,
063:        .neurons = 0,
064:        .activationType = model.ACTIVATION_NONE
065:      },
066:      { // 第 1 層隱藏層
067:        .layerType = model.LAYER_DENSE,
068:        .neurons = 5,
069:        .activationType = model.ACTIVATION_RELU
070:      },
071:      { // 第 2 層隱藏層
072:        .layerType = model.LAYER_DENSE,
073:        .neurons = 10,
074:        .activationType = model.ACTIVATION_RELU
075:      },
076:      { // 輸出層
077:        .layerType = model.LAYER_DENSE,
078:        .neurons = 1,
079:        .activationType = model.ACTIVATION_RELU
080:      }
081:    };
082:
083:    modelPara.layerSeq = nnStructure;
084:    modelPara.layerSize =
085:      FLAG_MODEL_GET_LAYER_SIZE(nnStructure);
086:    modelPara.inputLayerPara =
087:      FLAG_MODEL_2D_INPUT_LAYER_DIM(
088:        trainData->featureDim
089:      );
090:    modelPara.lossFuncType = model.LOSS_FUNC_MSE;
091:    modelPara.optimizerPara = {
092:      .optimizerType = model.OPTIMIZER_ADAM,
093:      .learningRate = 0.001,
094:      .epochs = 2000
095:    };
096:    model.begin(&modelPara);
097:
098:    // ---------------- 訓練模型 --------------------
099:    // 創建訓練用的特徵張量
100:    uint16_t train_feature_shape[] = {
101:      trainData->dataLen,      // 特徵資料筆數
102:      trainData->featureDim   // 特徵資料維度
103:    };
104:
105:    aitensor_t train_feature_tensor = AITENSOR_2D_F32(
106:      train_feature_shape,     // 特徵資料形狀
107:      trainData->feature       // 特徵資料來源
108:    );
109:
110:    // 創建訓練用的標籤張量
111:    uint16_t train_label_shape[] = {
112:      trainData->dataLen,      // 標籤資料筆數
```

```
113:    trainData->labelDim      // 標籤資料維度
114:  };
115:
116:  aitensor_t train_label_tensor = AITENSOR_2D_F32(
117:    train_label_shape,       // 標籤資料形狀
118:    trainData->label         // 標籤資料來源
119:  );
120:
121:  // 訓練模型
122:  model.train(
123:    &train_feature_tensor,
124:    &train_label_tensor
125:  );
126:
127:  // ---------------- 評估模型 --------------------
128:  // 迴歸類型的測試資料讀取
129:  testData = testDataReader.read(
130:    "/dataset/women_test.txt",
131:    testDataReader.MODE_REGRESSION
132:  );
133:
134:  Serial.println("預測值:\t\t實際值:");
135:  for(uint32_t i = 0; i < testData->dataLen; i++){
136:    // 測試資料預處理
137:    testData->feature[i] =
138:      (testData->feature[i] - mean) / sd;
139:
140:    // 模型預測
141:    uint16_t test_feature_shape[] = {
142:      1, // 每次測試一筆資料
143:      testData->featureDim
144:    };
145:    aitensor_t test_feature_tensor = AITENSOR_2D_F32(
146:      test_feature_shape,
147:      &testData->feature[i]
```

```
148:    );
149:    aitensor_t *test_output_tensor;
150:
151:    test_output_tensor = model.predict(
152:      &test_feature_tensor
153:    );
154:
155:    // 輸出預測結果
156:    float predictVal;
157:    model.getResult(
158:      test_output_tensor,
159:      labelMaxAbs,
160:      &predictVal
161:    );
162:    Serial.print(predictVal);
163:    Serial.print("\t\t");
164:    Serial.println(testData->label[i]);
165:  }
166: }
167:
168: void loop() {}
```

🖳 實測

請先按照**設計原理**內文提供的方式上傳資料集檔案至 ESP32，再上傳**範例程式 LAB02\LAB02.ino**，並依下述步驟進行實測：

1 開啟**序列埠監控視窗**

2 鮑率設定為『115200 baud』

3 按一下 ESP32 上的 RESET 按鈕來重置 ESP32

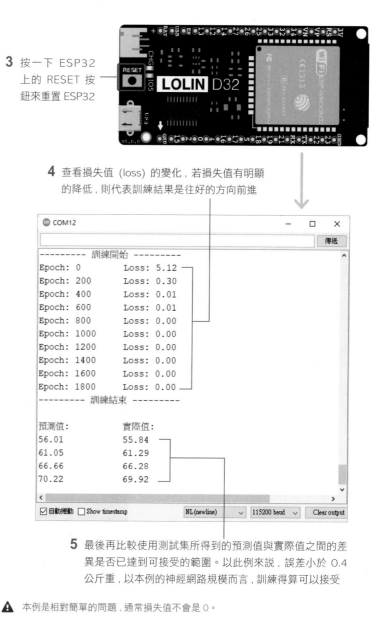

4 查看損失值 (loss) 的變化，若損失值有明顯的降低，則代表訓練結果是往好的方向前進

5 最後再比較使用測試集所得到的預測值與實際值之間的差異是否已達到可接受的範圍。以此例來說，誤差小於 0.4 公斤重，以本例的神經網路規模而言，訓練得算可以接受

⚠ 本例是相對簡單的問題，通常損失值不會是 0。

若在訓練時發現 Loss 值保持定值，沒有下降的趨勢，如下圖所示：

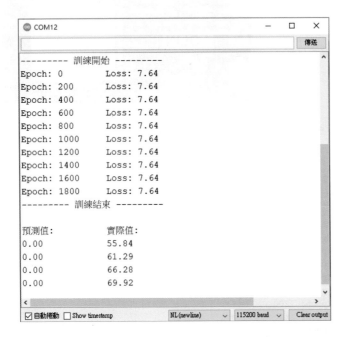

可以嘗試在執行 model.begin()
的同時用手指直接觸摸 VP 腳位，
來改變 VP 腳位讀取到的浮動電
壓值。這是因為 FLAG_AIfES 模
組內部程式會使用該值作為初始
化神經網路權重參數的依據，我
們可以透過觸摸該腳位來改變浮
動電壓值，進而改變權重參數初
始化的結果：

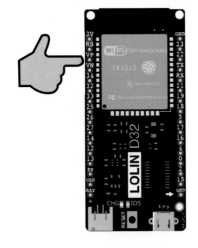

⚡ ESP32 啟動訊息

讀者可能會發現，開著序列埠監控視窗並按 Reset 鈕時，會看到一些亂
碼，它是 ESP32 啟動時的一些訊息，讀者可以不用理會：

啟動訊息

04

迴歸問題 - 電子秤

通常在使用各式各樣的感測器時,要將原始數值轉換成人類可以直接判讀的數值,如溫度、體重或距離等等。一般需要對照該感測器的特性圖轉換數值,但每個感測器皆不同,也不一定可以取得相對應的特性圖,本章將透過 AI 來找出秤重感測器相對應的特性,並了解電子秤的秤重原理,最終打造自己的電子秤。

4-1 電子秤模組

電子秤模組內部是使用秤重感測器來感測重量,秤重感測器如下圖所示:

其原理就是在金屬表面貼附應變片,當金屬受力產生微弱形變時,會引起應變片的電阻值變化,如下圖所示:

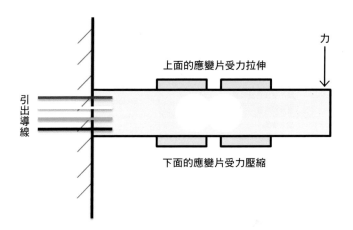

⚠ 不同秤重等級的感測器,其測量範圍並不相同,本套件所採用的秤重感測器最大能測量 1kgw 的重量。

我們將引出的導線接到專用的
HX711 模組以及使用配套的程
式，即可偵測應變片的電阻值
變化，進而換算其受力的大小，
也就可以測量到物件的重量。

HX711 模組如右圖所示：

安裝 FLAG_Sensor

為了使用 HX711 以及往後實驗會用到的模組，請先安裝**旗標科技**所開發的
FLAG_Sensor 程式庫，安裝方法如下：

1 點選『草稿碼 / 匯入程式庫 / 加入 .ZIP 程式庫…』

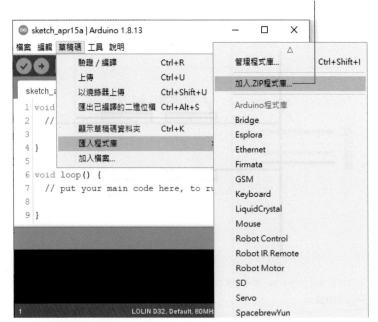

2 選取範例資料夾中的『**程式庫 \ FLAG_Sensor.zip**』

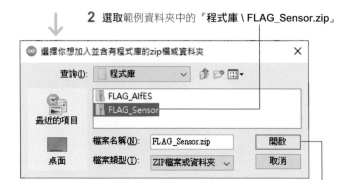

3 點選**開啟**，即可進行**安裝**

⚠ 範例程式下載網址 https://www.flag.com.tw/DL?FM635A。

安裝成功會顯示**已加入程式庫**。請檢查選單「**匯入程式庫**」

LAB03▶ 使用電子秤模組

實驗目的

使用**旗標科技**提供的 **Flag_HX711 模組**來學習如何使用電子秤模組。

組裝

清點零件

取出結構木片、螺絲與電子秤模組,再將木片零件分離拆下,組裝時需注意螺絲孔徑有區分大小:

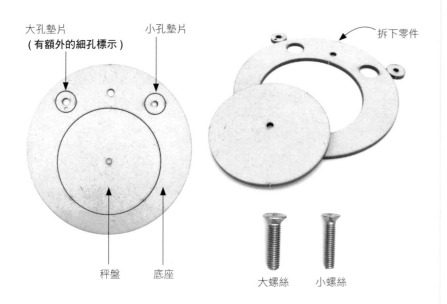

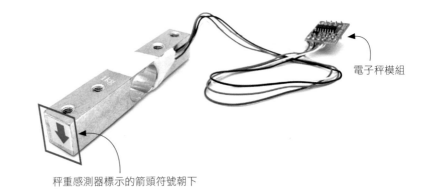

秤重感測器標示的箭頭符號朝下

組裝秤盤

取出**小螺絲**由上往下穿過**秤盤**鎖孔,再穿過**小孔墊片**,並將螺絲鎖至秤重感測器最**靠箭頭標籤**的鎖孔:

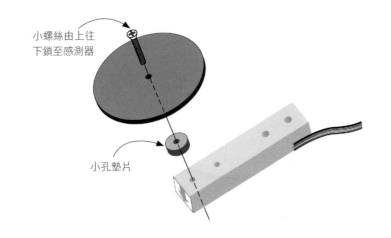

取出**大螺絲**由底座鎖孔向上穿過，再穿過一片**大孔墊片**（墊片有 2 個孔），並將螺絲鎖至秤重感測器有**電線**側靠**中間**的大鎖孔，記得秤重感測器的**箭頭標籤**朝向底座：

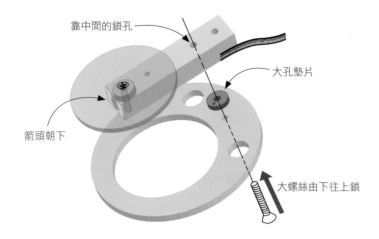

靠中間的鎖孔

大孔墊片

箭頭朝下

大螺絲由下往上鎖

組裝完成

線路圖

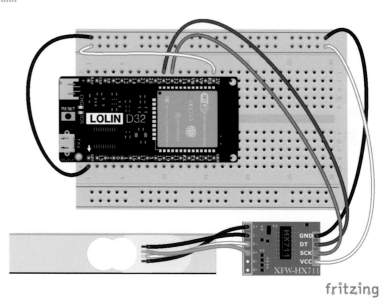

fritzing

HX711	用途	ESP32
VCC	電源	3V
GND	接地	GND
SCK	串列時脈線	32
DT	串列資料線	33

設計原理

電子秤模組相關功能會用到 **Flag_HX711 模組**，所以需事先匯入：

```
#include <Flag_HX711.h>
```

匯入模組之後就可以宣告 **Flag_HX711** 的物件，並同時傳入 SCK 與 DT 所使用的 ESP32 腳位：

```
// 感測器的物件
Flag_HX711 hx711(32, 33); // SCK, DT
```

藉由 hx711.begin() 來初始化電子秤：

```
// HX711 初始化
hx711.begin();
```

一般電子秤都會提供扣重 (tare) 的功能，目的是為了設定 0 克重的基準。這是因為在使用電子秤之前，通常會先放置秤盤以利於放置物件，但此時測量物件重量會一併將秤盤的重量算進去。所以放置秤盤後，要使用 tare 功能來記錄秤盤重量，讓往後測量物件重量時，會以『只放置秤盤的狀態』為 0 克重來計算。我們的電子秤有組裝固定的秤盤，為避免將秤盤的重量一起算入。我們可以藉由 hx711.tare() 來做電子秤的扣重調整：

```
// 扣重調整
hx711.tare();
```

最後是使用 hx711.getWeight() 來取得物件重量的方法：

```
// 顯示重量
float weight = hx711.getWeight();
```

⚠ 單位是克重。

🖥 程式設計

⚠ 範例程式下載網址 https://www.flag.com.tw/DL?FM635A。

依照設計原理來實現的完整程式碼如下，並在序列埠監控視窗印出重量訊息：

```
01: /*
02:    使用電子秤模組
03: */
04: #include <Flag_HX711.h>
05:
06: // ------------全域變數------------
07: // 感測器的物件
08: Flag_HX711 hx711(32, 33); // SCK, DT
09: // ----------------------------
10:
11: void setup() {
12:    // 序列埠設置
13:    Serial.begin(115200);
14:
15:    // HX711 初始化
16:    hx711.begin();
17:
18:    // 扣重調整
19:    hx711.tare();
20: }
21:
22: void loop() {
23:    // 顯示重量
24:    float weight = hx711.getWeight();
25:    Serial.print("重量: ");
26:    Serial.print(weight, 1);
27:    Serial.println('g');
28: }
```

第 26 行 Serial.print(weight, 1) 的 1 指的是要顯示的小數位數。

實測

上傳**範例程式 LAB03 \ LAB03.ino** 後，開啟**序列埠監控視窗**即可查看所測量到的物件重量。

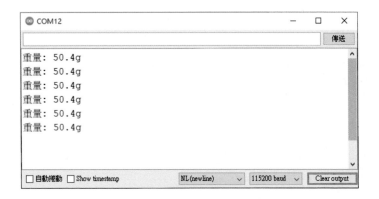

讀者可能會發現，若與標準電子秤相比，電子秤模組所測量到的重量並不一定很準確，這是因為每個秤重感測器的特性不同所造成。一般配套電子秤模組的程式庫會預先設定秤重感測器的參數，但這些參數並不一定能符合所有的秤重感測器，所以都需再透過程式校正來讓測量變準確。

傳統的校正方法需要對**程式庫的使用**以及**感測器的特性**有較深的了解，所以稍後實驗我們會使用神經網路來做校正，如此可以避免上述的問題。

4-2 實作：迴歸問題 - 電子秤

本節使用神經網路來做電子秤模組的校正，屬於迴歸問題。迴歸問題就是要找到兩組資料之間的對應關係，所以我們會先蒐集**電子秤模組測量到的重量（特徵資料）**與**標準電子秤測量到的實際重量（標籤資料）**的資料集，然後再將資料集餵入神經網路，讓它自行學習 2 者之間的對應關係，即可完成校正。

LAB04▶ 電子秤 - 蒐集訓練資料

實驗目的

使用電子秤模組與標準電子秤來蒐集訓練神經網路用的特徵與標籤資料，本例會讓讀者蒐集 10 筆資料。

⚠ 市面上販售的小型電子秤即可當作標準電子秤。倘若讀者沒有標準電子秤也沒關係，我們有預先準備好資料集，讀者可以直接使用該資料集進行後續實驗的學習。

線路圖

同 LAB03 線路圖。

設計原理

蒐集資料會涉及如何使用序列埠監控視窗讓使用者輸入資料，以及如何將得到的字串資料轉成浮點數以便儲存與處理，本節會著重這兩點進行說明。

透過序列埠監控視窗作為使用者與微控制器的互動介面是很常見的方式。LAB02 已經介紹如何使用 Serial.print() 來印出訊息，本實驗則是介紹如何取得使用者輸入的資料。透過序列埠監控視窗輸入資料的操作方法詳見**實測**一節說明。

若 Serial 有收到資料，會先將資料放置在暫存區，使用 Serial.available() 可以檢查暫存區是否有資料。透過這樣的機制，可以利用 while(!Serial.available()) 等待使用者輸入資料後再往下進行：

```
while(!Serial.available()); // 等待使用者輸入
```

另外，可用 Serial.readStringUntil(char) 將資料從暫存區取出來，此函式會一直讀取資料直到讀到指定的結尾字元 char 為止（通常就是換行字元 '\n'），並以 String 的形式回傳讀到的資料（回傳的 String 並不包含指定的結尾字元）。如此我們就可以順利取得使用者輸入的資料：

```
String str = Serial.readStringUntil('\n');
```

不過 Serial.readStringUntil() 回傳的是字串，可以透過 toFloat() 將資料從字串轉成浮點數，方便運算：

```
float data = str.toFloat();
```

程式設計

⚠ 範例程式下載網址 https://www.flag.com.tw/DL?FM635A。

完整程式碼如下：

```
01: /*
02:     電子秤 -- 蒐集訓練資料
03: */
04: #include <Flag_HX711.h>
05:
06: #define DATA_LEN 10
07:
08: // ------------全域變數------------
09: // 感測器的物件
10: Flag_HX711 hx711(32, 33); // SCK, DT
11:
12: // 特徵 - 標籤資料表，用於匯出檔案內容
13: float dataTable[DATA_LEN][2];
14: // ------------------------------
15:
16: void setup() {
17:     // 序列埠設置
18:     Serial.begin(115200);
19:
20:     // HX711 初始化
21:     hx711.begin();
22:
23:     // 扣重調整
24:     hx711.tare();
25:
26:     // -------------------- 蒐集資料 --------------------
27:     for(int i = 0; i < DATA_LEN; i++){
28:         // 放置物件與記錄標準電子秤測量到的重量（標籤資料）
29:         Serial.print("請在電子秤模組上放置物件, ");
30:         Serial.print("並輸入標準電子秤測量到的重量（標籤）: ");
31:
32:         while(!Serial.available()); // 等待使用者輸入
33:         String str = Serial.readStringUntil('\n');
34:         dataTable[i][1] = str.toFloat();
35:         Serial.println(dataTable[i][1], 1);
36:
37:         // 記錄電子秤測量到的重量（特徵資料）
38:         dataTable[i][0] = hx711.getWeight();
39:         Serial.print("電子秤模組測量到的重量（特徵）: ");
```

```
40:     Serial.println(dataTable[i][0], 1);
41:
42:     Serial.print("蒐集了 ");
43:     Serial.print(i + 1);
44:     Serial.println(" 筆資料\n");
45:   }
46:   Serial.println();
47:   Serial.println(
48:     "蒐集完畢, 請複製下列特徵資料與標籤資料並存成 txt 檔案"
49:   );
50:   for(int i = 0; i < DATA_LEN; i++){
51:     Serial.print(dataTable[i][0]);
52:     Serial.print(" ");
53:     Serial.println(dataTable[i][1]);
54:   }
55: }
56:
57: void loop() {}
```

1. 第 6 行透過 #define DATA_LEN 定義要蒐集的資料筆數, 這裡設定 10
   筆。

2. 第 13 行建立了一個 2 維陣列來存放特徵與標籤資料, 這是為了在蒐集
   完資料時, 要存成資料檔案用的。第 1 維是資料筆數, 也就是 DATA_
   LEN ; 第 2 維陣列有 2 個元素, 第 1 個元素為特徵, 第 2 個元素為標
   籤。

3. 第 27～45 行建立了 for 迴圈來蒐集 10 筆資料, 主要是依照設計原理
   讓使用者輸入第 i 筆標籤資料, 並顯示對應標籤的特徵資料。

4. 第 50～54 行是在 10 筆資料都蒐集完畢後, 使用迴圈以 **LAB02 提及
   的資料格式**印出特徵與標籤資料。

🖳 實測

請先上傳**範例程式 LAB04 \ LAB04.ino**, 並準備一個**標準的電子秤**, 後續會
用該標準電子秤來取得被秤物件的**實際重量**, 也就是**標籤資料**, 蒐集資料的
流程如下:

1 上傳範例程式後, 開啟**序列埠監控視窗**, 依照指示**放置被秤物件**並輸入標
準電子秤所測量到的**實際重量 (標籤)**, 單位是克重:

1 放置好被秤物件 (此例放置一個裝滿水的寶特瓶) 後,
輸入標準電子秤所測量到的重量

3 點選**傳送**, 將輸入資料傳給 ESP32

2 選擇 **NL (newline)**, 表示在輸入資料的結尾加上換行字元 '\n'

⚠ 若未看到訊息, 可以按一下 ESP32 上的 RESET 按鈕重置 ESP32, 即可看到訊息。

2 ESP32 在收到資料的同時也會測量該物件的重量, 並印出其測量到的**重
量訊息 (特徵)** 後進入下一筆資料的蒐集:

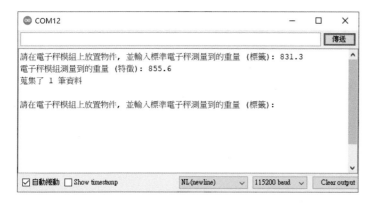

3 重複上述步驟，直到蒐集完 10 筆資料：

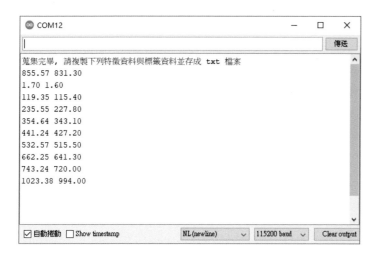

4 複製匯出的內容並另存新檔：

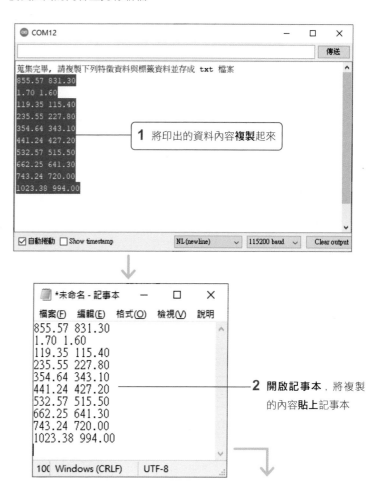

⚠ 最後一筆資料結尾需要換行且不可以有任何字元（即符合 LAB02 提及的資料格式），否則會造成後續實驗讀取資料錯誤。

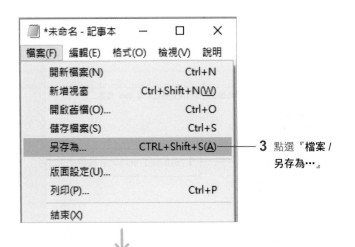

3 點選『檔案 /
另存為…』

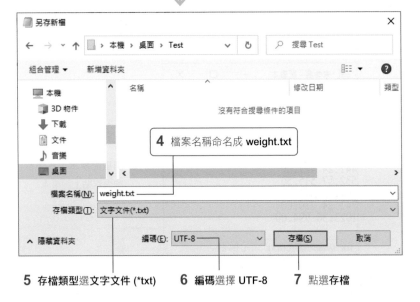

5 存檔類型選文字文件 (*txt)　　6 編碼選擇 UTF-8　　7 點選存檔

⚠ 請記得 weight.txt 存放位置，LAB05 會使用到這份資料檔。

LAB05 ▶ 電子秤 – 訓練與評估

🔲 實驗目的

藉由神經網路進行迴歸分析來校正電子秤模組，使得測量變準確。

🔲 線路圖

同 LAB03 線路圖。

🔲 設計原理

電子秤模組相關功能的使用可以參考 LAB03 的說明；另外，本實驗與 LAB02 類似，若對建立迴歸預測的神經網路不熟悉，可以先複習 LAB02。本實驗比較不一樣的點在於不需額外準備測試集的檔案，因為程式可以在訓練完神經網路後，直接進入即時預測的階段，藉由預測值以及標準電子秤所測量到的實際重量來作為測試集的角色。若模型的預測結果可以接受，則可以使用 model.save() 來匯出神經網路模型資料：

```
// 匯出模型
model.save();
```

模型資料會以 JSON (JavaScript Object Notation) 字串呈現。我們可以複製 JSON 字串並存成 *.json 檔即可保存此次訓練的神經網路模型，未來可以不用訓練，直接載入該神經網路模型即可使用。

⚠ JSON 是一種記錄資料的格式，我們用此格式來記錄神經網路的模型結構。

model.save() 也提供儲存平均值、標準差、最大標籤絕對值的功能：

```
// 匯出模型
model.save(mean, sd, labelMaxAbs);
```

後續我們一律使用此功能，這樣我們就不用在使用訓練好的模型時還要匯入資料計算這些數據了。

🖳 程式設計

⚠ 範例程式下載網址 https://www.flag.com.tw/DL?FM635A。

完整程式碼如下：

```
001: /*
002:   電子秤 -- 訓練與評估
003: */
004: #include <Flag_DataReader.h>
005: #include <Flag_Model.h>
006: #include <Flag_HX711.h>
007:
008: // ------------全域變數------------
009: // 讀取資料的物件
010: Flag_DataReader trainDataReader;
011:
012: // 指向存放資料的指位器
013: Flag_DataBuffer *trainData;
014:
015: // 神經網路模型
016: Flag_Model model;
017:
018: // 感測器的物件
019: Flag_HX711 hx711(32, 33);
020:
021: // 資料預處理會用到的參數
022: float mean;
023: float sd;
024: float labelMaxAbs;
025: // -----------------------------
026:
027: void setup() {
028:   // 序列埠設置
029:   Serial.begin(115200);
030:
031:   // HX711 初始化
032:   hx711.begin();
033:
034:   // 扣重調整
035:   hx711.tare();
036:
037:   // ---------------- 資料預處理 -------------------
038:   // 迴歸類型的訓練資料讀取
039:   trainData = trainDataReader.read(
040:     "/dataset/weight.txt",
041:     trainDataReader.MODE_REGRESSION
042:   );
043:
044:   // 取得訓練特徵資料的平均值
045:   mean = trainData->featureMean;
046:
047:   // 取得訓練特徵資料的標準差
048:   sd = trainData->featureSd;
049:
050:   // 縮放訓練特徵資料: 標準化
051:   for(int j = 0;
052:       j < trainData->featureDataArryLen;
053:       j++)
054:   {
055:     trainData->feature[j] =
056:       (trainData->feature[j] - mean) / sd;
057:   }
058:
059:   // 取得最大訓練標籤資料的絕對值
060:   labelMaxAbs = trainData->labelMaxAbs;
061:
```

```
062:    // 縮放訓練標籤資料：除以最大標籤的絕對值
063:    for(int j = 0;
064:        j < trainData->labelDataArryLen;
065:        j++)
066:    {
067:      trainData->label[j] /= labelMaxAbs;
068:    }
069:
070:    // ----------------- 建構模型 --------------------
071:    Flag_ModelParameter modelPara;
072:    Flag_LayerSequence nnStructure[] = {
073:      { // 輸入層
074:        .layerType = model.LAYER_INPUT,
075:        .neurons = 0,
076:        .activationType = model.ACTIVATION_NONE
077:      },
078:      { // 第 1 層隱藏層
079:        .layerType = model.LAYER_DENSE,
080:        .neurons = 5,
081:        .activationType = model.ACTIVATION_RELU
082:      },
083:      { // 第 2 層隱藏層
084:        .layerType = model.LAYER_DENSE,
085:        .neurons = 10,
086:        .activationType = model.ACTIVATION_RELU
087:      },
088:      { // 輸出層
089:        .layerType = model.LAYER_DENSE,
090:        .neurons = 1,
091:        .activationType = model.ACTIVATION_RELU
092:      }
093:    };
094:
095:    modelPara.layerSeq = nnStructure;
096:    modelPara.layerSize =
097:      FLAG_MODEL_GET_LAYER_SIZE(nnStructure);
098:    modelPara.inputLayerPara =
099:      FLAG_MODEL_2D_INPUT_LAYER_DIM(
100:        trainData->featureDim
101:      );
102:    modelPara.lossFuncType  = model.LOSS_FUNC_MSE;
103:    modelPara.optimizerPara = {
104:      .optimizerType = model.OPTIMIZER_ADAM,
105:      .learningRate = 0.001,
106:      .epochs = 2000
107:    };
108:    model.begin(&modelPara);
109:
110:    // ----------------- 訓練模型 --------------------
111:    // 創建訓練用的特徵張量
112:    uint16_t train_feature_shape[] = {
113:      trainData->dataLen,
114:      trainData->featureDim
115:    };
116:
117:    aitensor_t train_feature_tensor = AITENSOR_2D_F32(
118:      train_feature_shape,
119:      trainData->feature
120:    );
121:
122:    // 創建訓練用的標籤張量
123:    uint16_t train_label_shape[] = {
124:      trainData->dataLen,
125:      trainData->labelDim
126:    };
127:
128:    aitensor_t train_label_tensor = AITENSOR_2D_F32(
129:      train_label_shape,
130:      trainData->label
131:    );
132:
133:    // 訓練模型
134:    model.train(
135:      &train_feature_tensor,
136:      &train_label_tensor
137:    );
```

```
138:
139:    // 匯出模型
140:    model.save(mean, sd, labelMaxAbs);
141: }
142:
143: void loop() {
144:    // ---------------- 評估模型 --------------------
145:    // 測試資料預處理
146:    float test_feature_data =
147:      (hx711.getWeight() - mean) / sd;
148:
149:    // 模型預測
150:    uint16_t test_feature_shape[] = {
151:      1, // 每次測試一筆資料
152:      trainData->featureDim
153:    };
154:    aitensor_t test_feature_tensor = AITENSOR_2D_F32(
155:      test_feature_shape,
156:      &test_feature_data
157:    );
158:    aitensor_t *test_output_tensor;
159:
160:    test_output_tensor = model.predict(
161:      &test_feature_tensor
162:    );
163:
164:    // 輸出預測結果
165:    float predictVal;
166:    model.getResult(
167:      test_output_tensor,
168:      labelMaxAbs,
169:      &predictVal
170:    );
171:    Serial.print("預測值: ");
172:    Serial.print(predictVal, 1);
173:    Serial.println("g");
174: }
```

實測

因為運行程式時會使用到 LAB04 所儲存的 weight.txt 作為訓練資料，所以需先將 weight.txt 複製到 LAB05 \ data \ dataset 資料夾下 (LAB05 \ data \ dataset 資料夾中有預先準備好由我們所蒐集的 weight.txt，讀者也可以直接使用該資料檔進行學習)，再用 ESP32 檔案上傳工具將 weight.txt 從電腦端上傳到 ESP32，上傳方法與 LAB02 相同。

⚠ 上傳資料檔前，請先確保序列埠監控視窗已關閉，否則會無法上傳資料檔。

接著再上傳**範例程式 LAB05 \ LAB05.ino**，然後準備一個**標準的電子秤**，稍後會用該標準電子秤來測量被秤物件的**實際重量**，評估模型訓練的成效，請依下述步驟進行模型的訓練與儲存：

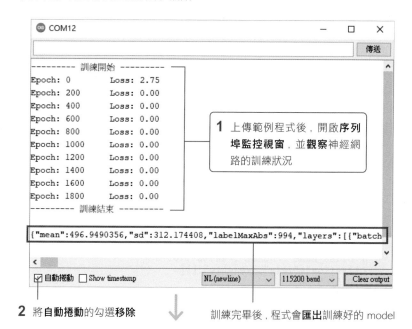

1 上傳範例程式後，開啟**序列埠監控視窗**，並**觀察**神經網路的訓練狀況

2 將**自動捲動**的勾選**移除**

訓練完畢後，程式會**匯出**訓練好的 model

⚠ 若未看到完整訊息，可以按一下 ESP32 上的 RESET 按鈕重置 ESP32，即可看到訊息。

3 調整捲軸到匯出模型字串的地方，將該模型字串內容**整行複製**起來

4 開啟記事本，將複製的內容貼上記事本

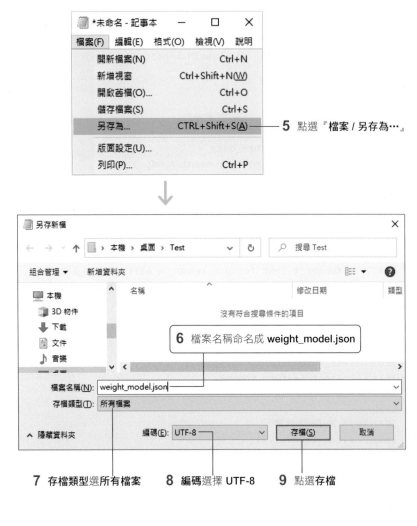

5 點選『檔案 / 另存為…』

6 檔案名稱命名成 weight_model.json

7 存檔類型選所有檔案　　**8** 編碼選擇 UTF-8　　**9** 點選存檔

⚠ 請記得 weight_model.json 存放位置，LAB06 會使用到這份模型檔。

回到評估模型的階段，底下擺放 LAB04 蒐集第一筆資料的被秤物件（裝滿水的寶特瓶），其實際重量為 831.3 克重，模型預測為 831.0 克重左右，與實際答案已經頗為接近：

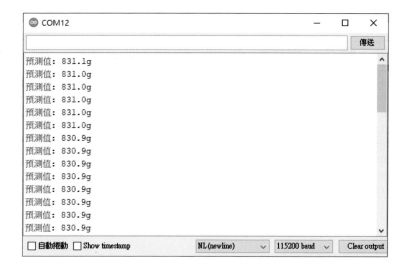

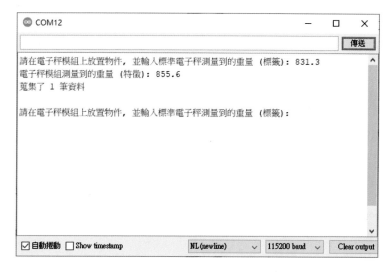

藉由 LAB04 蒐集第一筆資料時的訊息，可以比較校正前後電子秤模組測量同一物件的差異。由下圖可知未校正前，電子秤模組測量到的重量為 855.6 克重，經過神經網路校正後變成 831.0 克重（見上圖），著實準確了不少：

⚠️ 讀者可以測試其他物件的重量，若評估訓練的誤差不能接受，則需捨棄前述儲存的 weight_model.json 並再重新進行訓練。重新訓練時，可以使用 LAB02 提及的方式去觸摸 VP 腳位以改變權重的初始值，或是增加神經元的個數等等，直到誤差達到可以接受的範圍為止。

⚠️ 若讀者是用我們準備的特徵資料檔進行訓練與評估，可能會遇到預測不準的情形，主要是因為我們蒐集資料使用的秤重感測器與您手上的秤重感測器不是同一個（不同的秤重感測器，會有特性上的差異），所以建議讀者可以從蒐集資料開始，建立自己的電子秤。

LAB06▶ 電子秤 – 即時預測

🖳 實驗目的

直接載入由 LAB05 訓練好的模型來建構神經網路。

⚠️ 若讀者沒有進行 LAB05 的實驗也沒有關係，我們有預先準備已訓練好的模型，讀者可以直接使用該模型進行即時預測。

🖥 線路圖

同 LAB03 線路圖。

🖥 設計原理

本節實驗的重點，就是我們可以直接拿訓練好的模型檔來建構神經網路，其參數為模型檔案存放在 ESP32 的路徑，這個路徑是以 data 資料夾為根目錄的路徑：

```
model.begin("/weight_model.json");
```

並且因為 LAB05 使用 model.save(mean, sd, labelMaxAbs) 的方式儲存模型，所以可以如下取得到資料的平均值、標準差、最大標籤絕對值：

```
// 取得平均值
float mean = model.mean;

// 取得標準差
float sd = model.sd;

// 取得最大標籤絕對值
float labelMaxAbs = model.labelMaxAbs;
```

另外建立輸入張量時，我們可以透過 model.inputLayerDim 來指定資料維度：

```
uint16_t test_feature_shape[] = {
  1, // 每次測試一筆資料
  model.inputLayerDim
};
```

🖥 程式設計

⚠ 範例程式下載網址 https://www.flag.com.tw/DL?FM635A。

完整程式碼如下：

```
01: /*
02:    電子秤 -- 即時預測
03: */
04: #include <Flag_Model.h>
05: #include <Flag_HX711.h>
06:
07: // ------------全域變數------------
08: // 神經網路模型
09: Flag_Model model;
10:
11: // 感測器的物件
12: Flag_HX711 hx711(32, 33);
13: // -----------------------------
14:
15: void setup() {
16:    // 序列埠設置
17:    Serial.begin(115200);
18:
19:    // HX711 初始化
20:    hx711.begin();
21:
22:    // 扣重調整
23:    hx711.tare();
24:
25:    // ---------------- 建構模型 --------------------
26:    // 讀取已訓練好的模型檔
27:    model.begin("/weight_model.json");
28: }
29:
30: void loop() {
31:    // ---------------- 即時預測 --------------------
32:    // 測試資料預處理
```

```
33:   float test_feature_data =
34:     (hx711.getWeight() - model.mean) / model.sd;
35:
36:   // 模型預測
37:   uint16_t test_feature_shape[] = {
38:     1, // 每次測試一筆資料
39:     model.inputLayerDim
40:   };
41:   aitensor_t test_feature_tensor = AITENSOR_2D_F32(
42:     test_feature_shape,
43:     &test_feature_data
44:   );
45:   aitensor_t *test_output_tensor;
46:
47:   test_output_tensor = model.predict(
48:     &test_feature_tensor
49:   );
50:
51:   // 輸出預測結果
52:   float predictVal;
53:   Serial.print("重量: ");
54:   model.getResult(
55:     test_output_tensor,
56:     model.labelMaxAbs,
57:     &predictVal
58:   );
59:   Serial.print(predictVal, 1);
60:   Serial.println('g');
61: }
```

除了設計原理所提的重點之外，其餘程式碼的概念與 LAB05 相同。

實測

建立神經網路會使用到 LAB05 所儲存的 weight_model.json，需先將其複製到 LAB06 \ data 資料夾下 (LAB06 \ data 資料夾下有預先準備好由我們所訓練好的 weight_model.json，讀者也可以直接使用該模型檔進行學習)，再用 ESP32 檔案上傳工具將 weight_model.json 從電腦端上傳到 ESP32，上傳方法與 LAB02 相同。

接著再上傳**範例程式 LAB06 \ LAB06.ino**，並開啟**序列埠監控視窗**即可進行即時預測：

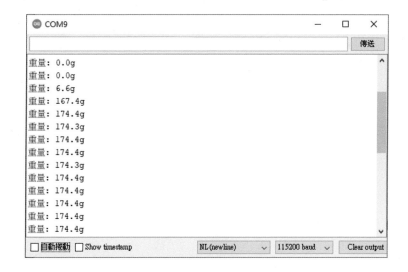

到這裡電子秤的基本功能就算完成了，後續我們要將它升級成具有每日飲食攝取紀錄功能的電子料理秤。

⚠ 提醒讀者，電子秤接線的部分不用拆下，我們於第 5 章仍會繼續使用該電子秤。

05

雲端飲食管理

現代人生活忙碌，為了方便快速，三餐靠外食的人越來越多，但也容易忽略了營養均衡，本章將會應用前一章所完成的自製電子秤，搭配顯示器模組與按鈕操作，除了可以用來測量不同類別的食物重量，還可以透過物聯網將飲食紀錄直接傳送至通訊軟體，方便完成每日飲食攝取紀錄。

5-1　按鈕開關

因為後續實驗會使用到按鈕開關（例如：電子料理秤的選單鈕，蒐集手勢資料的按鈕等等），所以先介紹開關的概念。按鈕是電子零件中最常使用到的開關裝置，它可以決定是否讓電路導通。按鈕的原理如右圖：

沒有按下時不導通

按下時導通

只要按下按鈕，按鈕下的鐵片會讓兩根針腳**連接**，以此讓電路**導通**，透過這個特性，就可以傳遞不同的電壓訊號給微控制器，讓按鈕成為我們與微控制器互動的一個介面。

一般機械式開關在按下或放開時，導體之間的接觸或脫離會出現短暫時間的接觸跳動，稱為**彈跳時間 (Bounce Time)**，這會使得微控制器接收到的電壓訊號是不穩定的。

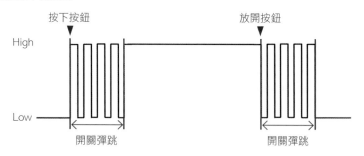

雖然彈跳時間是毫秒等級，但這對普遍微控制器的速度來說，已經可以偵測到好幾次了，所以我們必須加入除彈跳的機制，以免讓微控制器以為按了多次開關。一般除彈跳的方式可以用硬體處理，也可以用軟體處理，我們採用軟體的方案。**旗標科技**已經事先寫好 **Flag_Switch 模組**，其具備除彈跳的功能，方便讀者使用。

⚠ Flag_Switch 模組已經包含在 **FLAG_Sensor** 程式庫，若仍未安裝**旗標科技**所開發的 **FLAG_Sensor** 程式庫，請按照 4-1 節『安裝 FLAG_Sensor』一文安裝。

LAB07▸ 讀取按鈕開關狀態

🖳 實驗目的

使用**旗標科技**提供的 **Flag_Switch 模組**學習如何使用按鈕開關控制 ESP32 內建 LED 的亮滅。

🖳 線路圖

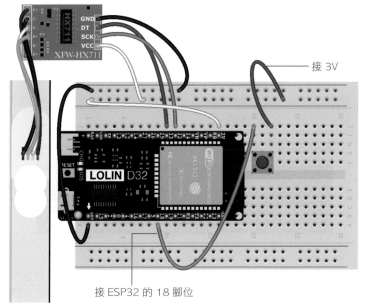

接 3V

接 ESP32 的 18 腳位

fritzing

⚠ 如果要繼續本章後續的實驗，請保留電子秤與按鈕的接線。

🖳 設計原理

讀取按扭開關狀態的相關功能會用到 **Flag_Switch 模組**，所以需事先匯入：

```
#include <Flag_Switch.h>
```

匯入模組之後就可以宣告 **Flag_Switch** 的物件，並同時傳入開關所使用的 ESP32 腳位：

```
Flag_Switch btn(18);
```

Flag_Switch 物件預設符合**正邏輯**，即未按下按鈕，腳位收到低電位；按下按鈕，腳位收到高電位。透過 btn.read() 可讀取除彈跳後的電壓訊號：

```
btn.read()
```

btn.read() 的回傳值有兩種可能，若讀到高電位則回傳 1，否則回傳 0(表示讀到低電位)。

🖳 程式設計

⚠ 範例程式下載網址 https://www.flag.com.tw/DL?FM635A。

依照設計原理來實現的完整程式碼如下：

```
01: /*
02:     讀取按鈕開關狀態
03: */
04: #include <Flag_Switch.h>
05:
06: // ------------全域變數------------
07: // 按鈕開關物件
```

```
08: Flag_Switch btn(18);
09:
10: void setup() {
11:    // 腳位設置
12:    pinMode(LED_BUILTIN, OUTPUT);
13:    digitalWrite(LED_BUILTIN, HIGH);
14: }
15:
16: void loop() {
17:    // 透過按鈕開關控制內建 LED
18:    if(btn.read())  digitalWrite(LED_BUILTIN, LOW);
19:    else            digitalWrite(LED_BUILTIN, HIGH);
20: }
```

🖳 實測

請先上傳**範例程式 LAB07\LAB07.ino**, 然後使用開關來控制 LED 的亮滅。

5-2 OLED 顯示器模組

OLED 是 Organic LED (有機 LED) 的縮寫, 目前已普遍使用於手機和電視螢幕。我們這裡使用的是 0.96 吋 OLED 模組, 驅動晶片為 SSD1306, 解析度為 128x64 像素, 採用 I2C 通訊介面。

I2C (Inter-Integrated Circuit, 積體電路匯流排, 發音『I-squared-C』) 是一種通訊協定, 其將裝置分成 Master 端與 Slave 端。Master 端只需要用 2 條線 -- **串列時脈線 (SCL)** 與**串列資料線 (SDA)** 就能控制多個 Slave 端, 每個 Slave 都以各自的 I2C 位址來區別。一般在設計支援 I2C 通訊介面的周邊電子模組時, 都會被設計成 Slave 端, 讓作為 Master 的微控制器能對其進行控制。在接下來的實驗中, 我們要使用 ESP32 (Master 端) 來控制 OLED 模組 (Slave 端)。

🖳 安裝 OLED 驅動程式庫

為了使用 OLED 模組, 我們要先安裝 **Adafruit_BusIO**、**Adafruit-GFX-Library**、**Adafruit_SSD1306 程式庫**, 安裝方法如下:

1 點選『**工具 / 管理程式庫**』

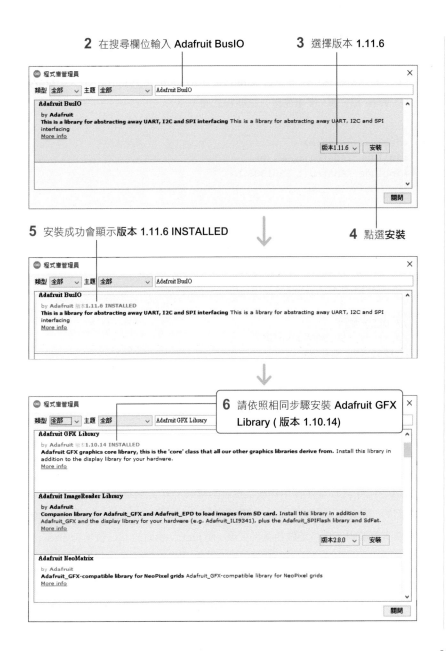

2 在搜尋欄位輸入 Adafruit BusIO

3 選擇版本 1.11.6

5 安裝成功會顯示版本 1.11.6 INSTALLED

4 點選 **安裝**

6 請依照相同步驟安裝 Adafruit GFX Library (版本 1.10.14)

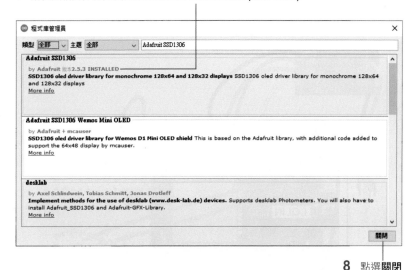

7 請依照相同步驟安裝 Adafruit SSD1306 程式庫 (版本 2.5.3)

8 點選 **關閉**

≣ **LAB08 ▶ OLED 模組顯示文字**

🖵 **實驗目的**

使用 Adafruit 提供的 **Adafruit_SSD1306 程式庫**與 **Adafruit-GFX-Library 程式庫**來實現在 OLED 模組顯示英文字。

🖳 線路圖

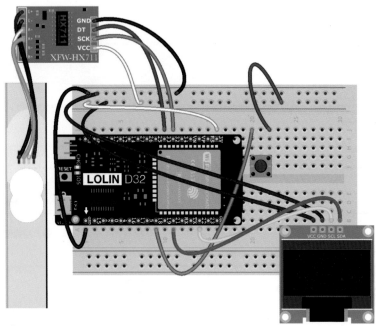

⚠ 如果要繼續本章後續的實驗，請保留電子秤、
按鈕與 OLED 模組的接線。

fritzing

OLED	用途	ESP32
VCC	電源	3V
GND	接地	GND
SDA	串列時脈線	21
SCL	串列資料線	22

🖳 設計原理

OLED 顯示器相關功能會用到 **Adafruit_SSD1306** 與 **Adafruit-GFX-Library**
以及 **Wire** 程式庫，需事先匯入這些程式庫：

```
#include <Wire.h>
#include <Adafruit_GFX.h>
#include <Adafruit_SSD1306.h>
```

⚠ Wire 程式庫是 Arduino 原生的程式庫，安裝 Arduino IDE 環境時已安裝過了，所以可以直接
匯入。

匯入程式庫之後就可以宣告 **Adafruit_SSD1306** 的物件，並同時傳入所需的
參數，個別參數如下：

```
// OLED 物件
Adafruit_SSD1306 display(
    128,   // 螢幕寬度
    64,    // 螢幕高度
    &Wire  // 指向 Wire 物件的指位器，I2C 通訊用
);
```

透過 display.begin() 來初始化 OLED 模組，並同時傳入所需的參數。第 1
個參數是設定 SSD1306 供應 OLED 面板電源的方式，傳入 SSD1306_
SWITCHCAPVCC 表示採用面板上預設的電源。第 2 個參數則是設定 OLED
模組的 I2C 位址，由於 Master 端同時可以控制多個 Slave 端，每個 Slave 端
都要有專屬的 I2C 位址做為識別號碼，而 OLED 模組的 I2C 位址為 0x3C。
另外，display.begin() 會回傳初始化是否成功，所以可以搭配 if 來偵測
OLED 是否有初始化成功：

```
if(!display.begin(SSD1306_SWITCHCAPVCC, 0x3C)){
    Serial.println("OLED 初始化失敗，請重置~");
    while(1);
}
```

當初始化成功後，即可設定 OLED 面板要顯示的文字：

```
// 清除畫面
display.clearDisplay();

// 設定文字大小
display.setTextSize(1);

// 設定游標位置，即顯示文字的起始位置，(0, 0 是左上角)
display.setCursor(0, 0);

// 設定顏色，第 1 個參數是前景色，第 2 個參數是背景色
display.setTextColor(WHITE, BLACK);

// 設定要顯示的文字：
display.println("FLAG X AIfES");

// 顯示畫面：
display.display();
```

> ⚠ 上述的 display.setTextColor(WHITE, BLACK) 雖然可以設定顏色，不過本套件的 OLED 模組
> 是單色的，每個像素光點只有亮與不亮之分，而這裡的白色是亮、黑色則是不亮。

不論是顯示文字或是圖片（詳見 LAB09），都需要了解 OLED 模組的座標系統，我們用圖來說明：

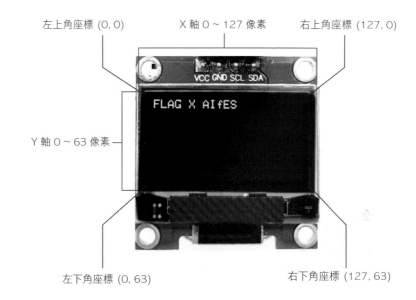

左上角座標 (0, 0) ・ X 軸 0 ~ 127 像素 ・ 右上角座標 (127, 0) ・ Y 軸 0 ~ 63 像素 ・ 左下角座標 (0, 63) ・ 右下角座標 (127, 63)

🖥 程式設計

> ⚠ 範例程式下載網址 https://www.flag.com.tw/DL?FM635A。

依照設計原理來實現的完整程式碼如下：

```
01: /*
02:     OLED 模組顯示文字
03: */
04: #include <Wire.h>
05: #include <Adafruit_GFX.h>
06: #include <Adafruit_SSD1306.h>
07:
08: // ------------全域變數------------
09: // OLED 物件
10: Adafruit_SSD1306 display(
11:     128,  // 螢幕寬度
12:     64,   // 螢幕高度
```

```
13:    &Wire // 指向 Wire 物件的指位器, I2C 通訊用
14: );
15: // ------------------------------
16:
17: void setup(){
18:   // 序列埠設置
19:   Serial.begin(115200);
20:
21:   // OLED 初始化
22:   if(!display.begin(SSD1306_SWITCHCAPVCC, 0x3C)){
23:     Serial.println("OLED 初始化失敗, 請重置~");
24:     while(1);
25:   }
26:
27:   // 清除畫面
28:   display.clearDisplay();
29:
30:   // 設定文字大小
31:   display.setTextSize(1);
32:
33:   // 設定游標位置, 即顯示文字的起始位置, (0, 0 是左上角)
34:   display.setCursor(0, 0);
35:
36:   // 設定顏色, 第 1 個參數是前景色, 第 2 個參數是背景色
37:   display.setTextColor(WHITE, BLACK);
38:
39:   // 設定要顯示的文字:
40:   display.println("FLAG X AIfES");
41:
42:   // 顯示畫面:
43:   display.display();
44: }
45:
46: void loop(){}
```

實測

請先上傳**範例程式 LAB08\LAB08.ino**, 即可看到 OLED 面板顯示文字。

LAB09 ▶ 電子相框

實驗目的

學會了顯示文字後, 接著我們透過製作一個電子相框來學習如何顯示圖片。

線路圖

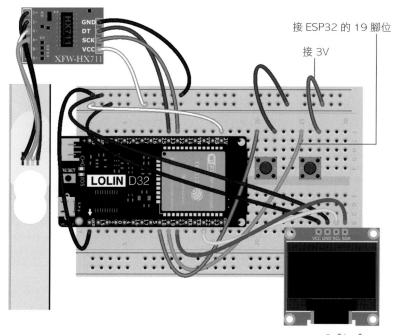

接 ESP32 的 19 腳位

接 3V

fritzing

⚠ 如果要繼續本章後續的實驗,請保留本實驗接線。

設計原理

要在 OLED 螢幕上顯示圖片,需要將圖片轉成 C++ 陣列的形式,這會用到圖片轉陣列的工具。LAB09 範例程式已經預先轉好圖片的陣列,並存成標頭檔 bitmap.h,放在 LAB09\inc 資料夾下。為了讓讀者可以置換自己喜歡的圖片,這裡解說如何使用線上圖片轉陣列的工具(網址:https://javl.github.io/image2cpp/),以 LAB09 範例程式準備的圖檔來示範如何進行轉換:

1 開啟瀏覽器,連線到 https://javl.github.io/image2cpp/ 開啟線上圖片轉陣列的工具,並選擇要轉換成陣列的圖片檔案:

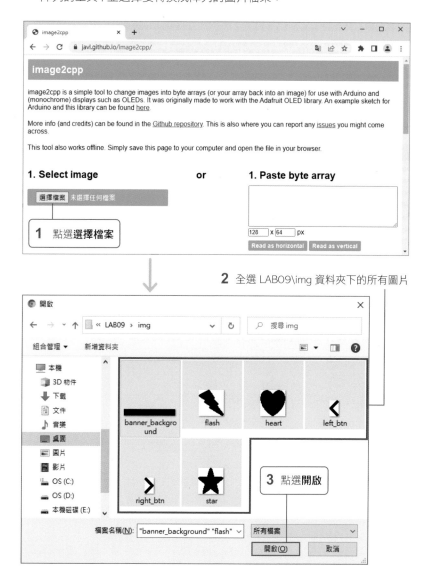

2 全選 LAB09\img 資料夾下的所有圖片

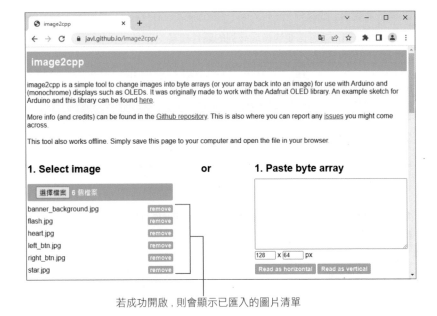

若成功開啟，則會顯示已匯入的圖片清單

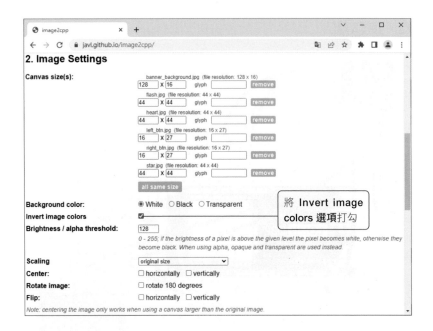

將 Invert image colors 選項打勾

2 接著往下捲到 **Image Settings** 的階段，請將 Invert image colors 選項打勾，其餘欄位使用預設值，並確認各欄位設定是否如下所示：

3 接著往下捲到 **Preveiw** 的階段，此時可以預覽在 OLED 模組上會顯示的畫面：

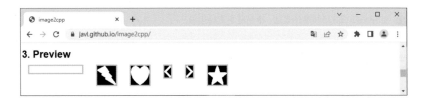

4 最後到 **Output** 階段，將 **Identifier / Prefix** 欄位修改成 **bitmap_**，並確認其他欄位的設定是否如圖所示：

Identifier / Prefix 欄位修改成 bitmap_

3 開啟記事本，貼上複製的**陣列**

5 上述都設定好後，點選 Generate code，其會自動在文字區域中自動生成**陣列**，我們要複製該陣列並另存成標頭檔：

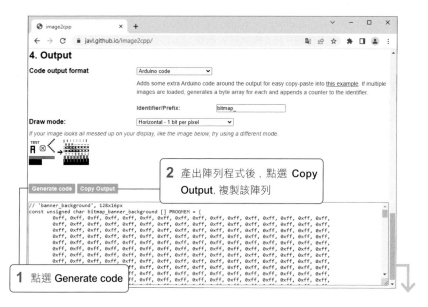

2 產出陣列程式後，點選 Copy Output，複製該陣列

1 點選 Generate code

4 點選『**檔案 / 另存為…**』

5 檔案名稱輸入 **bitmap.h**

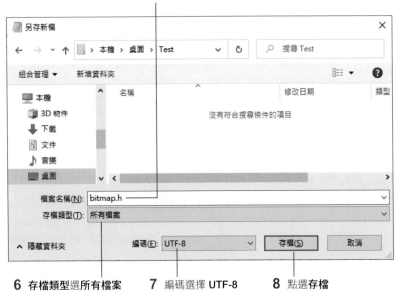

6 存檔類型選**所有檔案**　　**7** 編碼選擇 **UTF-8**　　**8** 點選**存檔**

完成上述步驟，即可將圖片轉成陣列，供主程式使用。

為了使用從圖片轉出的陣列程式，我們要匯入圖片的標頭檔。若讀者已經學會了圖片轉陣列的方法，也可以嘗試替換自己的圖片陣列標頭檔，這裡我們直接匯入預先轉好的標頭檔 bitmap.h，其存放在 LAB09\inc 的資料夾下：

```
#include "./inc/bitmap.h"
```

接著來繪製頁面，因為繪製頁面的流程較繁瑣，所以一般會對該流程以及相關功能進行封裝。**旗標科技**已經事先寫好 **Flag_UI 模組**，其簡化了繪製頁面的流程，方便讀者使用：

```
#include <Flag_UI.h>
```

⚠ Flag_UI 模組已經包含在 FLAG_Sensor 程式庫，若仍未安裝旗標科技所開發的 FLAG_Sensor 程式庫，請按照 4-1 節『安裝 FLAG_Sensor』一文安裝。

匯入 Flag_UI 模組後，我們來看如何繪製頁面。首先透過 **Flag_UI_Page** 宣告頁面的陣列，並且使用列舉的方式定義每一個頁面的編號 (以此例而言就是 FLASH 頁面、HEART 頁面、STAR 頁面) 以及總頁數，以利後續程式的可讀性：

```
enum{FLASH, HEART, STAR, PAGE_TOTAL};
Flag_UI_Page page[PAGE_TOTAL];
```

接著要在頁面中放置元件，Flag_UI 模組提供了 2 種類型的元件，分別是 **Flag_UI_Bitmap** 與 **Flag_UI_Text**，各建構函式的參數設定如下：

```
Flag_UI_Bitmap banner = Flag_UI_Bitmap(
    0, 0,      // 圖片左上角 x, y 座標
    128, 16,   // 圖片的寬高
    bitmap_banner_background   // 圖片的來源
);


Flag_UI_Text txt = Flag_UI_Text(
    35, 0,   // 文字左上角 x, y 座標
    2,       // 文字大小
    BLACK,   // 文字顏色
    WHITE,   // 背景色
    "Flash"  // 要顯示的文字
);
```

⚠ 上述的文字雖然可以設定顏色，不過本套件的 OLED 模組是單色的，每個像素光點只有亮與不亮之分，而這裡的白色是亮、黑色則是不亮。

了解如何使用 2 種元件後，就可以建立頁面所需要的元件，並透過 **Flag_UI_Page** 提供的 addWidget() 將元件加入到頁面中，即可完成頁面的繪製：

```
page[i].addWidget(&banner);
page[i].addWidget(&txt);
```

另外，我們需設定該頁面要在哪一個顯示器顯示，透過 **Flag_UI_Page** 提供的 setDisplay() 設定：

```
page[i].setDisplay(&display);
```

設定好顯示器後即可使用 **Flag_UI_Page** 提供的 show() 來顯示畫面：

```
page[i].show();
```

🖳 程式設計

⚠ 範例程式下載網址 https://www.flag.com.tw/DL?FM635A。

完整程式碼如下：

```
001: /*
002:    電子相框
003: */
004: #include "./inc/bitmap.h"
005: #include <Wire.h>
006: #include <Flag_UI.h>
007: #include <Flag_Switch.h>
008:
009: enum{FLASH, HEART, STAR, PAGE_TOTAL};
010:
011: // ------------全域變數------------
012: // OLED 物件
013: Adafruit_SSD1306 display(
014:    128,   // 螢幕寬度
015:    64,    // 螢幕高度
016:    &Wire // 指向 Wire 物件的指位器, I2C 通訊用
017: );
018:
019: // 感測器的物件
020: Flag_Switch prevBtn(18);
021: Flag_Switch nextBtn(19);
022:
023: // UI 會用到的參數
024: uint8_t currentPage;
025: bool btnNextPressed;
026: bool btnPrevPressed;
027:
028: Flag_UI_Bitmap banner = Flag_UI_Bitmap(
029:    0, 0, 128, 16, bitmap_banner_background
030: );
031: Flag_UI_Bitmap btnL = Flag_UI_Bitmap(
032:    0, 26, 16, 27, bitmap_left_btn
033: );
034: Flag_UI_Bitmap btnR = Flag_UI_Bitmap(
035:    112, 26, 16, 27, bitmap_right_btn
036: );
037: Flag_UI_Text txt[] = {
038:    Flag_UI_Text(35, 0, 2, BLACK, WHITE, "Flash"),
039:    Flag_UI_Text(35, 0, 2, BLACK, WHITE, "Heart"),
040:    Flag_UI_Text(45, 0, 2, BLACK, WHITE, "Star"),
041: };
042: Flag_UI_Bitmap bitmap[] = {
043:    Flag_UI_Bitmap(42, 18, 44, 44, bitmap_flash),
044:    Flag_UI_Bitmap(42, 18, 44, 44, bitmap_heart),
045:    Flag_UI_Bitmap(42, 18, 44, 44, bitmap_star),
046: };
047: Flag_UI_Page page[PAGE_TOTAL];
048: // -----------------------------
049:
```

```
050: void setup(){
051:   // 序列埠設置
052:   Serial.begin(115200);
053:
054:   // OLED 初始化
055:   if(!display.begin(SSD1306_SWITCHCAPVCC, 0x3C)){
056:     Serial.println("OLED 初始化失敗，請重置~");
057:     while(1);
058:   }
059:
060:   // UI 初始化
061:   currentPage = FLASH;
062:   btnNextPressed = false;
063:   btnPrevPressed = false;
064:
065:   // 第 1 頁 ~ 第 3 頁
066:   for(uint8_t i = 0; i < PAGE_TOTAL; i++){
067:     page[i].setDisplay(&display);
068:     page[i].addWidget(&banner);
069:     page[i].addWidget(&txt[i]);
070:     page[i].addWidget(&bitmap[i]);
071:     if(i == FLASH){
072:       page[i].addWidget(&btnR);
073:     }else if(i == HEART){
074:       page[i].addWidget(&btnL);
075:       page[i].addWidget(&btnR);
076:     }else if(i == STAR){
077:       page[i].addWidget(&btnL);
078:     }
079:   }
080: }
081:
082: void loop(){
083:   // 偵測下一頁按鈕
084:   if(nextBtn.read()){
085:     if(currentPage < STAR && !btnNextPressed){
086:       currentPage++;
087:       btnNextPressed = true;
088:     }
089:   }else{
090:     btnNextPressed = false;
091:   }
092:
093:   // 偵測上一頁按鈕
094:   if(prevBtn.read()){
095:     if(currentPage > FLASH && !btnPrevPressed) {
096:       currentPage--;
097:       btnPrevPressed = true;
098:     }
099:   }else{
100:     btnPrevPressed = false;
101:   }
102:
103:   // 顯示畫面
104:   page[currentPage].show();
105: }
```

1. 第 9 行透過列舉的方式定義每一個頁面的編號以及總頁數，以利後續程式撰寫與閱讀。

2. 第 20～21 行宣告按鈕物件，分別是回上一頁與到下一頁。

3. 第 24～26 行宣告記錄目前顯示頁面，以及記錄是否按下按鈕的變數，這些變數在切換頁面的程式會用到。

4. 第 28～47 行依據設計原理來創建元件。

5. 第 61 行初始化目前顯示頁面為 FLASH 頁面。

6. 第 62～63 行初始化是否按下按鈕的變數為 false，表示未按下按鈕。

7. 第 66～79 行依據設計原理將元件加入到頁面。

8. 第 84～91 行透過讀下一頁的按鈕來改變 currentPage，即達到切換頁面的效果。搭配 btnNextPressed 主要是為了做到按一次鈕，改變 currentPage 一次，如此可避免切換頁面過快的問題。並利用 STAR 頁面限定頁數範圍，當到達最後一頁時，下一頁按鈕將不能改變 currentPage。

9. 第 94～101 行概念如同第 8 點，只是換成上一頁。

10. 第 104 行透過 currentPage 作為索引，來決定目前要顯示哪一個頁面。

🖳 實測

請先上傳**範例程式 LAB09\LAB09.ino**，即可看到電子相框，並可使用按鈕切換頁面。

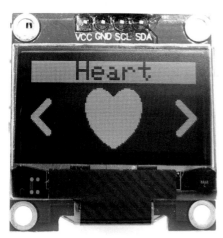

5-3 電子料理秤

前面已經實作出電子秤，以及學習如何在 OLED 上面顯示文字與圖像。現在我們要將兩者結合，實現一個能夠在 LINE 上記錄飲食攝取量的電子料理秤。關於飲食攝取量，讀者可以參考『衛生福利部國民健康署』公告的內容作為評量基礎，參考網址為 https://reurl.cc/ZAnDEg。

🖳 註冊 IFTTT

為了要能夠讓電子料理秤傳送 LINE 訊息，我們採用 IFTTT 來實現。IFTTT 是英文 "IF THIS THEN THAT" 的縮寫，它是一個網路服務，其服務的精神就是『如果發生 A 事件然後就執行 B 動作』。例如：**按下記錄按鈕 (A)** 就**傳送該類飲食攝取量的 LINE 訊息 (B)**，這樣的規則稱為一個**小程式 (applet)**。

LAB10 會使用 IFTTT 網路服務傳送 LINE 訊息。在這之前，請先到 IFTTT 網站 (https://ifttt.com/) 註冊會員並建立一個可讓我們傳送 LINE 訊息的小程式：

1 按 Get started

Get started with **IFTTT**

2 您可以使用既有的 Apple、Google 和 Facebook 帳號註冊，或者用電子郵件註冊新的帳號。這裡我們選擇使用電子郵件註冊，按下 **sign up**

3 輸入 Email 信箱作為**會員帳號**

4 輸入**會員密碼**

5 點選 Get started 完成註冊

看到此頁面表示註冊完成，由於本書只需用到免費版本，可直接關閉頁面

建立 IFTTT Applet

我們希望將測量到的飲食攝取量（即食物的重量）傳送到 LINE，所以先到 IFTTT 網站 (https://ifttt.com/create) 建立新專案，並設定 LINE 通知功能：

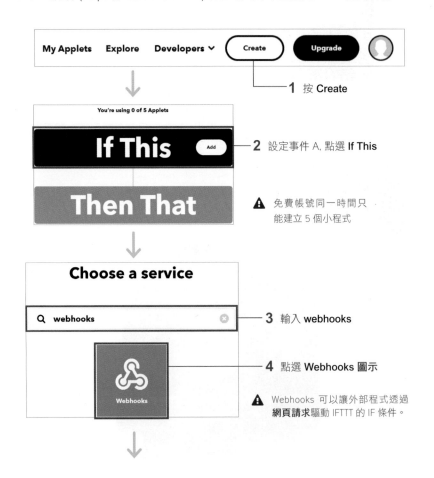

1 按 **Create**

2 設定事件 A，點選 **If This**

⚠ 免費帳號同一時間只能建立 5 個小程式

3 輸入 webhooks

4 點選 Webhooks 圖示

⚠ Webhooks 可以讓外部程式透過**網頁請求**驅動 IFTTT 的 IF 條件。

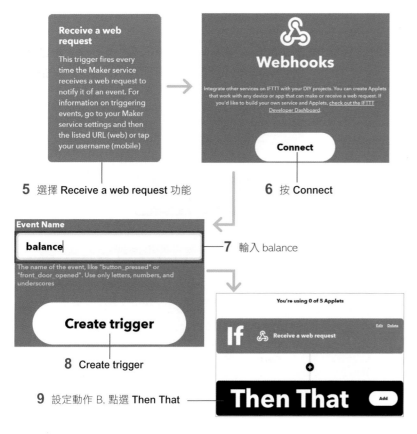

5 選擇 Receive a web request 功能

6 按 Connect

7 輸入 balance

8 Create trigger

9 設定動作 B, 點選 Then That

請如下設定動作 B：

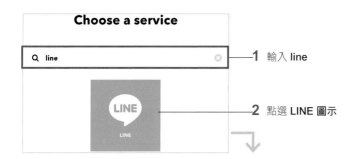

1 輸入 line

2 點選 LINE 圖示

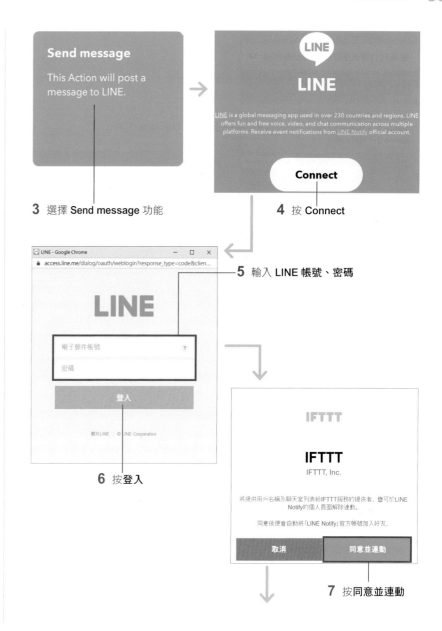

3 選擇 Send message 功能

4 按 Connect

5 輸入 LINE 帳號、密碼

6 按登入

7 按同意並連動

Recipient

透過1對1聊天接收LINE Notify的通 ⌄

Message destination

Message

Value 1: **Value1**
Value 2: **Value2**
Value 3: **Value3**

8 更改 Message 內容

Message

{{Value1}} 已攝取 {{Value2}} 克

Value1 與 Value2 旁各有兩個大括號

Add ingredient

Photo URL

Add ingredient

Create action

9 按 Create action

If 🔗 Receive a web request   Edit Delete

➕

Then (LINE) Send message   Edit Delete

➕

Continue   →   **Finish**

10 按 Continue   **11** 按 Finish

12 點選 Webhooks 圖示

🔗 (LINE)

If Maker Event "balance", then Send message

Edit title

by geoge2

Connected ⬤

Webhooks integrations

Integrate other services on IFTTT with your DIY projects. You can create Applets that work with any device or app that can make or receive a web request. If you'd like to build your own service and Applets, check out the IFTTT Developer Dashboard.

Create   **Documentation**

13 按 Documentation

To trigger an Event with 3 JSON values

Make a POST or GET web request to:

https://maker.ifttt.com/trigger/ balance /with/key/dg937...

14 這裡填上 balance

With an optional JSON body of:

{ "value1" : " ", "value2" : " ", "value3" : " " }

The data is completely optional, and you can also pass value1, value2, and value3 as query parameters or form variables. This content will be passed on to the action in your Applet.

You can also try it with curl from a command line.

curl -X POST https://maker.ifttt.com/trigger/balance/with/key/dg937...

Please read our FAQ on using Webhooks for more info.

Test It

16 **複製**這段網址，後續程式會使用到此網址來發送請求

15 按下此鈕測試訊息發送

若設定完成，按下測試按鈕就會收到訊息

這時候收到的訊息好像不完整，這是因為我們還沒指定 **{{Value1}}** 和 **{{Value2}}** 的內容，後面實驗會將此二欄位替換成數值或文字，到時候收到的訊息就會是完整的了。

☰ LAB10 ▶ 每日飲食攝取紀錄 - IFTTT

🖳 實驗目的

將電子秤、OLED、按鈕開關結合起來，並搭配連網功能，做一個能夠在 LINE 上記錄飲食攝取量的電子料理秤。

🖳 線路圖

同 LAB09。

🖳 設計原理

我們要啟用 ESP32 的連網功能，讓其能向 IFTTT 網站發送請求以傳送 LINE 訊息。首先匯入連網會使用到的程式庫：

```
#include <WiFi.h>
#include <HTTPClient.h>
```

匯入程式庫後，使用 WiFi.begin(AP_SSID, AP_PWD) 讓 ESP32 連上基地台，並利用 while (WiFi.status() != WL_CONNECTED) 來確認是否成功連上基地台：

```
#define AP_SSID "基地台SSID名稱";
#define AP_PWD  "基地台密碼";

WiFi.begin(AP_SSID, AP_PWD);
while (WiFi.status() != WL_CONNECTED) {
  Serial.print(".");
  delay(500);
}
Serial.println("\n成功連上基地台!");
```

⚠ AP_SSID 是基地台的 SSID 名稱，而 AP_PWD 是基地台的密碼。

為了向 IFTTT 網站發送請求以傳送 LINE 訊息，我們需要在發送的請求中，夾帶要傳送的數值資料或文字。這可以透過**字串加法**來**建立請求字串『url』**，其中 ifttt_url 就是**前面在設定完 IFTTT 小程式後，所複製的網址**。利用

HTTP 協定中的 GET 方法，在網址 url 後面夾帶 value1 與 value2 的資訊。例如接下來的實驗就是要傳送某項**飲食分類**所攝取的**重量**，value1 是飲食類別，假設是 **RICE**，value2 是重量，假設是 **55** 克，則建立請求字串的方式如下：

```
String ifttt_url = IFTTT_URL;
String url = ifttt_url +
  "?value1=" + "RICE" +
  "&value2=" + "55";
```

這裡夾帶的資訊就是對應到前述 **LINE 設定中 Message 的 Value1 與 Value2**。如此我們在 LINE 上就可以接收到某類飲食的攝取量了。完整的請求網址如下：

```
https://maker.ifttt.com/trigger/balance/json/with/key/YOURIFT
TTKEY?value1=RICE&value2=55
```

準備好請求網址後，用 **HTTPClient** 類別宣告一個 http 物件，透過 http.begin() 配置網站的 URL，然後使用 http.GET() 即可向 IFTTT 網站發送請求。若 http.GET() 的回傳值為**負值**，則代表連線失敗，可以透過序列埠查看是否有連線失敗的情形。最後再使用 http.end() 斷開與 IFTTT 網站的連線：

```
HTTPClient http;
http.begin(url);
int httpCode = http.GET();
if(httpCode < 0) Serial.println("連線失敗");
http.end();
```

另外若要在請求中夾帶中文的資訊，必須先將中文字進行 **URL 編碼**，否則伺服器端可能會解譯錯誤，請先安裝 URL 編碼的程式庫：

1 點選『**工具 / 管理程式庫**』開啟**程式庫管理員**後，在搜尋欄位輸入 urlencode

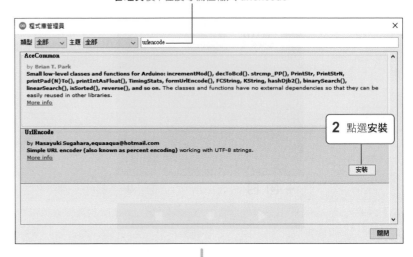

安裝成功會顯示**版本 1.0.0 INSTALLED**

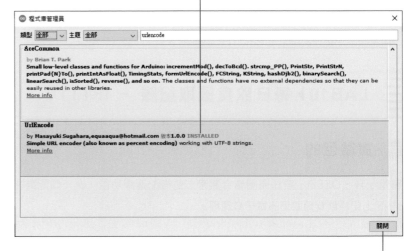

3 點選**關閉**

安裝程式庫後，即可匯入使用：

```
#include <UrlEncode.h>
```

匯入程式庫後，就可以將中文字串透過 urlEncode() 進行 URL 編碼後再串接，以前面為例，將 "RICE" 換成 " 全穀雜糧類 "：

```
String ifttt_url = IFTTT_URL;
String url = ifttt_url +
  "?value1=" + urlEncode("全穀雜糧類") +
  "&value2=" + "55";
```

在了解完 ESP32 如何向 IFTTT 發送請求後，我們補充 **Flag_UI_Text** 的其它用法，目的是讓 OLED 畫面上的文字能夠隨著我們測量的重量不同而變動。在 **Flag_UI_Text** 的建構子中，可以綁定 float 變數，每當此變數數值變化後，只要畫面重新繪製，顯示的數值也會跟著更新，以及指定要顯示的小數位數與單位，其餘參數則與 LAB09 相同：

```
Flag_UI_Text txt = Flag_UI_Text(
  35, 0,  // 文字左上角 x, y 座標
  2,      // 文字大小
  BLACK,  // 文字顏色
  WHITE,  // 背景色
  &currentWeight, // 綁定的 float 變數
  1,      // 指定要顯示的小數位數
  "g"     // 指定要顯示的單位
);
```

另外，本實驗僅使用一個按鈕來切換頁面，切換方式是使用循環頁（即到最後一頁時，再按一次切頁鈕，會回到第一頁），其概念就是當 currentPage 累加而超出範圍時就設定回第一頁，以此例而言就是 RICE 頁面（全穀雜糧類）：

```
if(btnPage.read()){
  if(currentPage <= FRUIT && !btnPagePressed) {
    currentPage++;
    if(currentPage == PAGE_TOTAL) currentPage = RICE;
    btnPagePressed = true;
  }
}else{
  btnPagePressed = false;
}
```

最後，因為 FLAG_HX711 模組計算重量時會取多筆資料來作平均，故每次取得平均重量的時間為 1 秒，如此會阻礙到其他程式執行，所以 **FLAG_HX711** 另外提供一個 getWeightAsync() 方法，避免上述問題：

```
float weight = hx711.getWeightAsync();
```

🖥 程式設計

完整程式碼如下：

```
001: /*
002:    每日飲食攝取紀錄--IFTTT
003: */
004: #include "./inc/bitmap.h"
005: #include <Wire.h>
006: #include <Flag_UI.h>
007: #include <Flag_Switch.h>
008: #include <Flag_Model.h>
009: #include <Flag_HX711.h>
010: #include <WiFi.h>
011: #include <HTTPClient.h>
012: #include <UrlEncode.h>
013:
014: #define AP_SSID     "基地台SSID"
```

```
015: #define AP_PWD      "基地台密碼"
016: #define IFTTT_URL   "IFTTT請求路徑"
017:
018: enum{RICE, FISH, MILK, VEGETABLE, FRUIT, PAGE_TOTAL};
019:
020: // ------------全域變數------------
021: // 神經網路模型
022: Flag_Model model;
023:
024: // OLED 物件
025: Adafruit_SSD1306 display(
026:    128,   // 螢幕寬度
027:    64,    // 螢幕高度
028:    &Wire // 指向 Wire 物件的指位器, I2C 通訊用
029: );
030:
031: // 感測器的物件
032: Flag_Switch btnPage(18);
033: Flag_Switch btnRec(19);
034: Flag_HX711  hx711(32, 33); // SCK, DT
035:
036: // UI 會用到的參數
037: uint8_t currentPage;
038: bool btnPagePressed;
039: bool btnRecPressed;
040: float currentWeight;
041: float totalWeight[PAGE_TOTAL];
042:
043: Flag_UI_Bitmap banner = Flag_UI_Bitmap(
044:    0, 0, 128, 16, bitmap_banner_background
045: );
046: Flag_UI_Text txt[] = {
047:    Flag_UI_Text(40, 0, 2, BLACK, WHITE, "Rice"),
048:    Flag_UI_Text(40, 0, 2, BLACK, WHITE, "Fish"),
049:    Flag_UI_Text(40, 0, 2, BLACK, WHITE, "Milk"),
050:    Flag_UI_Text(10, 0, 2, BLACK, WHITE, "Vegetable"),
051:    Flag_UI_Text(35, 0, 2, BLACK, WHITE, "Fruit"),
052: };
053: Flag_UI_Bitmap bitmap[] = {
054:    Flag_UI_Bitmap(0, 18, 44, 44, bitmap_rice),
055:    Flag_UI_Bitmap(0, 18, 44, 44, bitmap_fish),
056:    Flag_UI_Bitmap(0, 18, 44, 44, bitmap_milk),
057:    Flag_UI_Bitmap(0, 18, 44, 44, bitmap_vegetable),
058:    Flag_UI_Bitmap(0, 18, 44, 44, bitmap_fruit),
059: };
060: Flag_UI_Text weightLabel = Flag_UI_Text(
061:    48, 20, 1, WHITE, BLACK, "Current:"
062: );
063: Flag_UI_Text weightTxt = Flag_UI_Text(
064:    48, 30, 1, WHITE, BLACK, &currentWeight, 1, "g"
065: );
066: Flag_UI_Text totalWeightLabel = Flag_UI_Text(
067:    48, 44, 1, WHITE, BLACK, "Total:"
068: );
069: Flag_UI_Text totalWeightTxt[] = {
070:    Flag_UI_Text(
071:       48, 54, 1, WHITE, BLACK, &totalWeight[RICE], 1, "g"
072:    ),
073:    Flag_UI_Text(
074:       48, 54, 1, WHITE, BLACK, &totalWeight[FISH], 1, "g"
075:    ),
076:    Flag_UI_Text(
077:       48, 54, 1, WHITE, BLACK, &totalWeight[MILK], 1, "g"
078:    ),
079:    Flag_UI_Text(
080:       48, 54, 1, WHITE, BLACK,
081:       &totalWeight[VEGETABLE], 1, "g"
082:    ),
083:    Flag_UI_Text(
084:       48, 54, 1, WHITE, BLACK, &totalWeight[FRUIT], 1,"g"
085:    ),
086: };
087: Flag_UI_Page page[PAGE_TOTAL];
088: // ------------------------------
```

```
089:
090: // 傳送 LINE 訊息
091: void notify(uint8_t page, float totalWeight){
092:   String str[] = {
093:     "全穀雜糧類",
094:     "蛋豆魚肉類",
095:     "乳品類",
096:     "蔬菜類",
097:     "水果類"
098:   };
099:   String ifttt_url = IFTTT_URL;
100:   String url = ifttt_url +
101:     "?value1=" + urlEncode(str[page]) +
102:     "&value2=" + String(totalWeight, 1);
103:
104:   HTTPClient http;
105:   http.begin(url);
106:   int httpCode = http.GET();
107:   if(httpCode < 0) Serial.println("連線失敗");
108:   else            Serial.println("連線成功");
109:   http.end();
110: }
111:
112: void setup(){
113:   // 序列埠設置
114:   Serial.begin(115200);
115:
116:   // HX711 初始化
117:   hx711.begin();
118:
119:   // 扣重調整
120:   hx711.tare();
121:
122:   // OLED 初始化
123:   if(!display.begin(SSD1306_SWITCHCAPVCC, 0x3C)){
124:     Serial.println("OLED初始化失敗，請重置~");
125:     while(1);
126:   }
127:
128:   // Wi-Fi 設置
129:   WiFi.begin(AP_SSID, AP_PWD);
130:   while(WiFi.status() != WL_CONNECTED){
131:     Serial.print(".");
132:     delay(500);
133:   }
134:   Serial.println("\n成功連上基地台!");
135:
136:   // UI 參數初始化
137:   currentPage = RICE;
138:   btnPagePressed = false;
139:   btnRecPressed = false;
140:
141:   // 第 1 頁 ~ 第 5 頁
142:   for(uint8_t i = 0; i < PAGE_TOTAL; i++){
143:     page[i].setDisplay(&display);
144:     page[i].addWidget(&banner);
145:     page[i].addWidget(&txt[i]);
146:     page[i].addWidget(&bitmap[i]);
147:     page[i].addWidget(&weightLabel);
148:     page[i].addWidget(&weightTxt);
149:     page[i].addWidget(&totalWeightLabel);
150:     page[i].addWidget(&totalWeightTxt[i]);
151:   }
152:
153:   // --------------- 建構模型 ---------------
154:   // 讀取已訓練好的模型檔
155:   model.begin("/weight_model.json");
156: }
157:
158: void loop(){
159:   // --------------- 即時預測 ---------------
160:   // 測試資料預處理
161:   float test_feature_data =
162:     (hx711.getWeightAsync() - model.mean) / model.sd;
```

```
163:
164:    // 模型預測
165:    uint16_t test_feature_shape[] = {
166:      1, // 每次測試一筆資料
167:      model.inputLayerDim
168:    };
169:    aitensor_t test_feature_tensor = AITENSOR_2D_F32(
170:      test_feature_shape,
171:      &test_feature_data
172:    );
173:    aitensor_t *test_output_tensor;
174:
175:    test_output_tensor = model.predict(
176:      &test_feature_tensor
177:    );
178:
179:    // 輸出預測結果
180:    float predictVal;
181:    Serial.print("重量: ");
182:    model.getResult(
183:      test_output_tensor,
184:      model.labelMaxAbs,
185:      &predictVal
186:    );
187:    Serial.print(predictVal, 1);
188:    Serial.println('g');
189:    currentWeight = predictVal;
190:
191:    // 頁面選擇按鈕
192:    if(btnPage.read()){
193:      if(currentPage <= FRUIT && !btnPagePressed) {
194:        currentPage++;
195:        if(currentPage == PAGE_TOTAL) currentPage = RICE;
196:        btnPagePressed = true;
197:      }
198:    }else{
199:      btnPagePressed = false;
200:    }
201:
202:    // 偵測記錄按鈕
203:    if(btnRec.read()){
204:      if(!btnRecPressed) {
205:        btnRecPressed = true;
206:        totalWeight[currentPage] += currentWeight;
207:        // 發 LINE 訊息
208:        notify(currentPage, totalWeight[currentPage]);
209:      }
210:    }else{
211:      btnRecPressed = false;
212:    }
213:
214:    // 顯示畫面
215:    page[currentPage].show();
216: }
```

1. 第 4 行匯入預先轉好的標頭檔 bitmap.h，其存放在 LAB10\inc 資料夾下。要轉檔的圖片則存放在 LAB10\img 資料夾，轉檔方法請參考 LAB09。

2. 第 14～16 行定義了基地台 SSID、基地台密碼、IFTTT 請求路徑，讀者需先進行修改。其中 IFTTT_URL 就是**前面在設定完 IFTTT 小程式後，所複製的網址**。

3. 第 18 行透過列舉的方式定義每一個頁面的編號以及總頁數，以利後續程式撰寫與閱讀。頁面順序是 RICE（全穀雜糧類）、FISH（蛋豆魚肉類）、MILK（乳品類）、VEGETABLE（蔬菜類）、FRUIT（水果類）。

4. 第 32～33 行宣告按鈕物件，分別是切頁按鈕與飲食攝取量記錄按鈕。

5. 第 40～41 行宣告儲存目前測量的重量，以及記錄各類項目總攝取量的陣列。

6. 第 43～87 行創建元件與頁面，創建方式請參考 LAB09。部分 Flag_UI_Text 物件是依照設計原理的方式建立，其有綁定 float 變數與指定小數位數和單位。

7. 第 91～110 行建立 notify() 函數，根據傳入飲食類別及其總攝取量，建立成 IFTTT 所需要的請求字串，最後透過 HTTPClient 向 IFTTT 網站發送請求。

8. 第 92～98 行使用列舉定義的頁面順序，傳入 page 即可當作索引查找字串。

9. 第 102 行將傳入的總重量 totalWeight，透過 String() 建構子將其從 float 轉為 String，並指定取到小數第 1 位。

10. 第 129～134 行依據設計原理的方式設置 Wi-Fi 連線。

11. 第 137 行初始化目前顯示頁面為 RICE 頁面。

12. 第 138～139 行初始化記錄按鈕是否按下的變數為 false，表示未按下按鈕。

13. 第 142～151 行將元件加入到頁面，加入方式請參考 LAB09。

14. 第 192～200 依據設計原理的方式實作循環頁面。

15. 第 206 行透過 totalWeight[currentPage] += currentWeight 累加當前飲食類型的攝取量。

16. 第 208 行呼叫 notify() 並傳入當前飲食類別與其總攝取量後發送 LINE 訊息。

17. 第 215 行透過 currentPage 作為索引，來決定目前要顯示哪一個頁面。

🖳 實測

weight_model.json 的概念與上傳方式請參考 LAB06。上傳完 weight_model.json 再上傳**範例程式 LAB10\LAB10.ino**，即可看到電子料理秤。可使用**換頁按鈕**切換至要記錄的頁面：

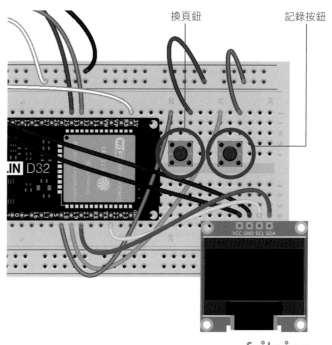

81

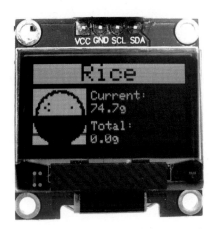

測量重量時，按**記錄按鈕**可傳送飲食攝取量的 LINE 訊息：

06

二元分類 - 水果熟成分類系統

台灣一年四季皆有產香蕉，主要分布於中南部地區，而根據種植的季節與地區，採收時需要注意的熟度也都不同，在前章我們實作了神經網路迴歸問題，本章將以香蕉為例，利用神經網路來處理二元分類問題，並訓練可以判斷香蕉是否已經熟成的模型，再結合硬體建立一套水果熟成分類系統。

6-1 色彩與接近偵測感測器

因為後續判斷香蕉是否已經熟成主要是透過顏色做辨識，因此先介紹色彩與接近偵測感測器。該模組採用 APDS-9960 感測器，其結合了光線感測與接近感測，可以測量**環境光**與**顏色**數值，還有偵測物體的**接近程度**，接近偵測距離約 10 至 20 公分，使用時只需要透過 I2C 通訊即可取得各項感測資料。

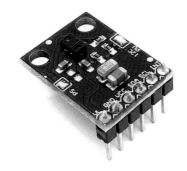

安裝 APDS-9960 驅動程式庫

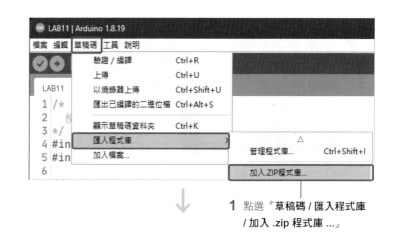

1 點選『草稿碼 / 匯入程式庫 / 加入 .zip 程式庫 ...』

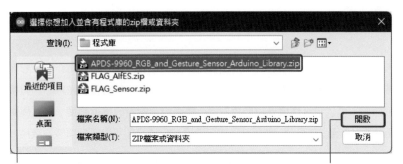

2 選取範例資料夾中的『\ 程式庫 \APDS-9960_RGB_and_Gesture_Sensor_Arduino_Library.zip』

3 點選**開啟**安裝程式庫

LAB11▶ 使用色彩與接近偵測感測器

🖳 實驗目的

顯示色彩與接近偵測感測器模組的接近值、RGB 顏色與環境光數值。

🖳 線路圖

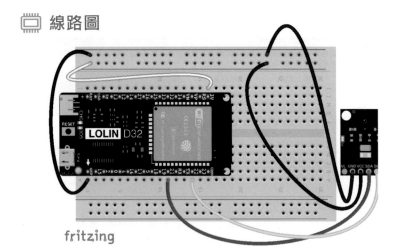

fritzing

⚠ 如果要繼續本章後續的實驗，請保留 APDS-9960 的接線。

色彩與手勢感測器腳位	用途	ESP32 對應腳位
VCC	電源	3V
GND	接地	GND
SCL	串列時脈線	22
SDA	串列資料線	21

🖳 設計原理

使用 APDS-9960 模組，需要匯入對應的程式庫 SparkFun_APDS9960，再建立 apds 感測器物件：

```
#include <SparkFun_APDS9960.h>
SparkFun_APDS9960 apds = SparkFun_APDS9960();
```

使用之前需要先初始化，接著根據要使用的功能分別啟用光線感測器和接近感測器：

```
apds.init();
apds.enableLightSensor();
apds.enableProximitySensor();
```

若要取得接近感測器資料則需先建立變數如 proximity_data，再使用 apds.readProximity(proximity_data) 來得到數值：

```
uint8_t proximity_data = 0;
apds.readProximity(proximity_data);
Serial.println(proximity_data);
```

其中 proximity_data 的值越高代表越接近物體。apds 的 readProximity 方法是取得接近感測值，若要取得其他資訊可參考如下：

APDS 感測器資訊	對應方法	範圍
接近感測值	readProximity	0~255
紅色感測值	readRedLight	0~65535
綠色感測值	readGreenLight	0~65535
藍色感測值	readBlueLight	0~65535
環境光感測值	readAmbientLight	0~65535

程式設計

⚠ 範例程式下載網址 https://www.flag.com.tw/DL?FM635A

依照設計原理來實現的完整程式碼如下：

```
01: /*
02:     使用色彩與接近偵測感測器
03: */
04: #include <Wire.h>
05: #include <SparkFun_APDS9960.h>
06:
07: //------------全域變數------------
08: // 感測器的物件
09: SparkFun_APDS9960 apds = SparkFun_APDS9960();
10: //-------------------------------
11:
12: void setup() {
13:     // 序列埠設置
14:     Serial.begin(115200);
15:
16:     // 初始化 APDS9960
17:     while(!apds.init()){
18:         Serial.println("APDS-9960 初始化錯誤");
19:     }
20:
21:     // 啟用 APDS-9960 光感測器
22:     while(!apds.enableLightSensor()){
23:         Serial.println("光感測器初始化錯誤");
24:     }
25:
26:     // 啟用 APDS-9960 接近感測器
27:     while(!apds.enableProximitySensor()){
28:         Serial.println("接近感測器初始化錯誤");
29:     }
30:
31:     // 腳位設置
32:     pinMode(LED_BUILTIN, OUTPUT);
33:     digitalWrite(LED_BUILTIN, HIGH);
34: }
35:
36: void loop(){
37:     uint8_t proximity_data = 0;
38:     uint16_t red_light = 0;
39:     uint16_t green_light = 0;
40:     uint16_t blue_light = 0;
41:     uint16_t ambient_light = 0;
42:
43:     // 接近測試
44:     if(!apds.readProximity(proximity_data)){
45:         Serial.println("讀取接近值錯誤");
46:     }
47:     Serial.print("接近值: ");
48:     Serial.println(proximity_data);
49:
50:     // 近距離時啟用顏色偵測
51:     if(proximity_data == 255){
52:         // 偵測時點亮指示燈
53:         digitalWrite(LED_BUILTIN, LOW);
54:
```

```
55:     if(!apds.readAmbientLight(ambient_light)    ||
56:        !apds.readRedLight(red_light)            ||
57:        !apds.readGreenLight(green_light)        ||
58:        !apds.readBlueLight(blue_light)){
59:      Serial.println("讀值錯誤");
60:    }else{
61:      Serial.print("環境光: ");
62:      Serial.print(ambient_light);
63:      Serial.print(" 紅光: ");
64:      Serial.print(red_light);
65:      Serial.print(" 綠光: ");
66:      Serial.print(green_light);
67:      Serial.print(" 藍光: ");
68:      Serial.println(blue_light);
69:    }
70:   }else{
71:    // 未偵測時指示燈不會亮
72:    digitalWrite(LED_BUILTIN, HIGH);
73:   }
74:   delay(1000);
75: }
```

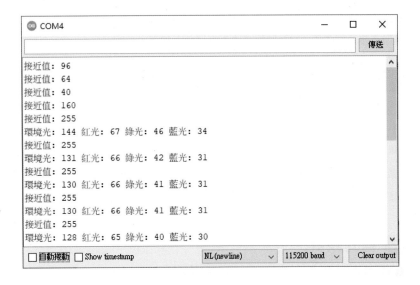

實測

上傳程式後,開啟**序列埠監控視窗**即可看到接近感測值每秒變化,這時候可以拿起不同顏色的物體於感測器前方約 10 公分內偵測,觀察不同數值變化,若是距離過遠則不進行偵測:

6-2 蜂鳴器

後續實驗會使用蜂鳴器提示香蕉是否已經熟成,所以先介紹甚麼是蜂鳴器。常見的電子發聲裝置有**蜂鳴器** (buzzer) 及**喇叭** (或揚聲器,speaker) 二種。蜂鳴器一般比較小巧,音質比較差,大多做為發出警告或提示聲之用。喇叭的音質較好,依其材質、結構等因素也會有不同品質。一般來說,若只是要發出警告或提示聲,只要使用蜂鳴器即可,不需要特別以喇叭來發聲。蜂鳴器可分為有源及無源 2 種,有源蜂鳴器內建驅動電路,因此只要供電即可發聲,好處是使用簡單,缺點則是比較貴,而且只能發出單一頻率的音調;無源蜂鳴器則必須由我們自行驅動發聲,使用上比較麻煩,但好處是可以發出高低不同的聲音。

為了聚焦於本套件學習主題並減少實驗的複雜度，本套件提供的是**有源蜂鳴器**，如下圖所示：

蜂鳴器上面的貼紙是生產過程的輔助品，請將其撕掉，聲音會比較大

長腳請接正極

短腳請接負極

長腳接 ESP32 的 32 腳位

蜂鳴器短腳接 GND

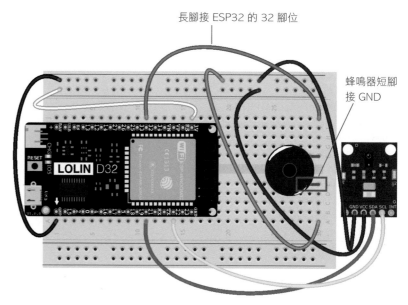

⚠ 如果要繼續本章後續的實驗，請保留 APDS-9960 與蜂鳴器的接線。

LAB12▶ 讓蜂鳴器發出聲音

🖵 實驗目的

利用程式控制蜂鳴器發出聲音。

🖵 線路圖

注意蜂鳴器有極性之分，其中**短腳**接到麵包板 "-"，另一**長腳**則接到 ESP32 的 **32** 腳位：

🖵 設計原理

讓蜂鳴器發出聲音的方式與前面 LAB01 閃爍 LED 相同，只要控制蜂鳴器正極所連接的 ESP32 腳位為高電位即可發出聲音，反之則不發聲。

🖵 程式設計

⚠ 範例程式下載網址 https://www.flag.com.tw/DL?FM635A

依照設計原理來實現的完整程式碼如下：

```
01: /*
02:    讓蜂鳴器發出聲音
03: */
04: void setup() {
05:    // 腳位設置
06:    pinMode(32, OUTPUT);
07: }
08:
09: void loop() {
10:    digitalWrite(32, HIGH);
11:    delay(300);
12:    digitalWrite(32, LOW);
13:    delay(1000);
14: }
```

實測

上傳程式後，會聽到蜂鳴器持續發聲 0.3 秒，停止 1 秒不斷重複。

6-3 實作：二元分類 - 水果熟成分類系統

本節建立一套水果熟成分類系統，利用神經網路來分辨香蕉是否已經熟成，並透過 IFTTT 記錄該次檢測未熟成香蕉的數量。

使用神經網路來分辨香蕉熟成與否，屬於分類問題。有別於先前預估數值的迴歸問題，分類問題是要從幾個選項中，選出一個答案，依據選項的數量，又可以分為『二元分類』和『多元分類』。本章先說明甚麼是二元分類，多元分類則於第 7 章作介紹。

『二元分類』顧名思義就是 **2 選 1**，例如以下的例子中，我們想知道薪水高低和離家距離能否決定民眾的求職意願，隨機蒐集幾筆資料後，我們得到下面的分布圖：

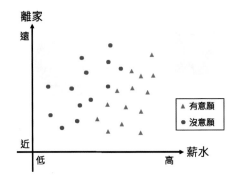

上圖中，薪水高低和離家距離就是兩個特徵值，而有意願和沒意願代表兩個類別，我們的目的就是將圓點和三角形分開，且分別貼上有意願和沒意願的標籤。在此例子中，可以用一條線將資料分開，並定義落於線左邊的資料就是沒意願，反之，在線右邊的便是有意願：

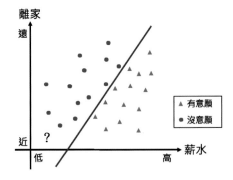

這條分割線可以視為一個決策線,當有未知標籤的新資料時,便能利用此決策線進行分類,例如上圖中的問號落於線的左邊,以此可以得知就算離家很近,只要薪水太低,一般民眾是沒有工作意願的。

在此例子中,雖然和迴歸問題一樣是找出了一個函數,但不一樣的是這個函數是決策函數而不是迴歸函數,由於它是一條直線所以我們可以知道,此函數的式子會是:

決策函數 =ax+by+c

其中 x 為薪水高低,y 為離家距離,a、b、c 為參數,由此可知神經網路也能產生這樣的函數:

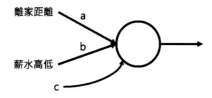

當我們將資料代入此函數時,如果輸出為 0 代表會落在此線上,大於 0 則會落在線的右邊,小於 0 則是落在線的左邊:

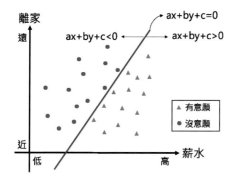

也就是說當決策函數的輸出大於 0 就代表是有意願,而小於 0 則是沒意願,那麼神經網路要如何表達以上的結果呢 ? 它可以使用專用於輸出層的激活函數,這是讓神經網路可以解決分類問題的關鍵,以下是一個輸出接上**單位步階函數 (unit step function)** 的神經網路:

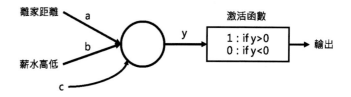

這種激活函數在神經網路中就是量化輸出(把原本連續的數值分成不連續)的作用,因此只要把離家距離和薪水高低輸入神經網路,輸出結果為 1 就代表有意願、為 0 代表沒意願,以下為單位步階函數的圖型:

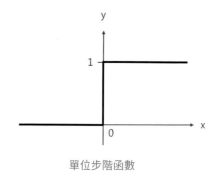

單位步階函數

使用單位步階函數作為輸出層激活函數的神經網路又稱為**感知器 (Perceptron)**,它可以說是最原始的神經網路。後來為了讓輸出值含有信心程度(例如 70% 有意願、30% 沒意願),於是便改用以下的 sigmoid 函數:

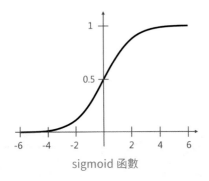

sigmoid 函數

它不會直接輸出 0 或 1，而是將任意數值壓縮到 0~1 的範圍，所以要再指定一個閾值，作為判斷標準（通常是 0.5），所以當輸出為 0.7 時（大於 0.5），就能説神經網路的預測結果為 1，且信心程度是 70%；如果輸出為 0.2 時（小於 0.5），則能説神經網路的預測結果為 0，且信心程度為 80% (1-0.2)。

本章的實驗便是使用這種二元分類的神經網路，來判斷香蕉是否熟成，有了這些知識後，就讓我們開始進行實驗吧！

LAB13 ▶ 水果熟成分類 - 蒐集訓練資料

實驗目的

使用我們提供的香蕉圖片來蒐集訓練神經網路用的特徵資料，本例會讓讀者蒐集『熟成』香蕉與『未熟成』香蕉各 50 筆資料。

線路圖

同 LAB11。

設計原理

本實驗的蒐集過程，也是透過序列埠監控視窗與使用者作互動然後蒐集資料。透過 APDS-9960 感測熟成香蕉與未熟成香蕉的圖片（詳見**實測**一節説明），即可完成特徵資料的蒐集。在蒐集完畢後，一樣會將所蒐集的資料全部印出，讓使用者複製並另存成資料檔。不過在印出分類問題的資料時，不論是二元分類或是多元分類，其流程較繁瑣，因此我們使用**旗標科技**所提供的 **Flag_DataExporter** 模組來簡化輸出蒐集資料的流程：

```
#include <Flag_DataExporter.h>
```

⚠️ Flag_DataExporter 模組已經包含在 FLAG_AlfES 程式庫，若仍未安裝旗標科技所開發的 FLAG_AlfES 程式庫，請按照 3-4 節『安裝 FLAG_AlfES』一文安裝。

匯入 **Flag_DataExporter** 模組後，就可以建立 exporter 物件：

```
Flag_DataExporter exporter
```

使用 exporter.dataExport() 即可做蒐集資料的匯出，參數如下：

```
#define FEATURE_DIM 3
#define LEN         50
float sensorData[FEATURE_DIM * LEN * 2];
exporter.dataExport(
    sensorData,     // 存放蒐集特徵資料的陣列
    FEATURE_DIM,    // 每筆特徵資料的維度
    LEN,            // 特徵資料的筆數
    2               // 多少類的特徵資料
);
```

其中參數的 2 是指有多少類的特徵資料，因為是二元分類，因此只有 2 類的特徵資料。另外，sensorData 陣列的元素個數為什麼是 FEATURE_DIM * LEN * 2 呢？以此例而言，特徵資料的維度 FEATURE_DIM 為 3 維，代表儲存單筆資料時需要 3 個元素空間，然後有 50 筆 (LEN)，因此要乘以 50，最後是有 2 類，所以要乘以 2。

在 LAB11 中我們可以透過 APDS-9960 感測 RGB 三種光源，但三種光源的值會因為離物體的遠近不同，而影響其值的大小。一般在做顏色辨識時，我們有興趣的並非光源值的大小，而是 RGB 三原色的比例，因此透過下列方式，先將三種光源的值加總，然後再將各個光源值除以總合值，來計算 RGB 三原色的比例：

```
float sum = red_light + green_light + blue_light;
float redRatio = 0;
float greenRatio = 0;
float blueRatio = 0;

if(sum != 0){
  redRatio = red_light / sum;
  greenRatio = green_light / sum;
  blueRatio = blue_light / sum;
}
```

在蒐集資料前，我們先講解本套件在蒐集回歸資料與蒐集二元分類資料的不同之處。在第 4 章中，我們蒐集回歸資料需逐筆提供對應特徵資料的標籤，**讓 Flag_DataReader 能夠按照給定的資料格式讀取特徵資料與標籤資料；**但在二元分類中，**Flag_DataReader 會以獨立的資料檔案來貼標籤**，所以我們僅需蒐集特徵資料即可，**貼標籤的動作由 Flag_DataReader 在讀檔時自動完成。**

以蒐集香蕉熟成與未熟成的資料為例，假設我們蒐集了熟成與未熟成香蕉的特徵資料，並分別另存為 ripe.txt 與 unripe.txt，在 Flag_DataReader 讀取此二檔案時，會分別對 unripe.txt 與 ripe.txt 的特徵資料貼上對應的標籤。假設 Flag_DataReader 先讀取 unripe.txt，則其會為 unripe.txt 的所有特徵資料貼上標籤 0，然後再讀取 ripe.txt 時，會為 ripe.txt 的所有特徵資料貼上標籤 1。

⚠ 後續實驗會再詳細介紹 Flag_DataReader 讀取二元分類資料檔的方式，這裡僅需有個印象，讓讀者在儲存蒐集的資料時有個概念。

⚠ Flag_DataReader 讀取多元分類資料檔的方式，也類似於二元分類，但因為檔案個數會大於兩個，因此 Flag_DataReader 貼標籤的方式也會不一樣，我們於第 7 章介紹。

🖳 程式設計

⚠ 範例程式下載網址 https://www.flag.com.tw/DL?FM635A

完整程式碼如下：

```
001: /*
002:    水果熟成分類 -- 蒐集訓練資料
003: */
004: #include <Wire.h>
005: #include <SparkFun_APDS9960.h>
006: #include <Flag_DataExporter.h>
007:
008: // 取 APDS9960 的 3 個參數為一筆特徵資料
009: // 總共蒐集 50 筆
010: #define FEATURE_DIM 3
011: #define ROUND          50
012:
013: //------------全域變數------------
014: // 感測器的物件
015: SparkFun_APDS9960 apds = SparkFun_APDS9960();
016:
017: // 匯出蒐集資料會用的物件
018: Flag_DataExporter exporter;
```

```
019:
020: // 蒐集資料會用到的參數
021: float sensorData[FEATURE_DIM * ROUND * 2];
022: uint32_t sensorArrayIdx;
023: uint32_t dataCnt;
024: uint8_t classCnt;
025: //-------------------------------
026:
027: void setup() {
028:   // 序列埠設置
029:   Serial.begin(115200);
030:
031:   // 初始化 APDS9960
032:   while(!apds.init()){
033:     Serial.println("APDS-9960 初始化錯誤");
034:   }
035:
036:   // 啟用 APDS-9960 光感測器
037:   while(!apds.enableLightSensor()){
038:     Serial.println("光感測器初始化錯誤");
039:   }
040:
041:   // 啟用 APDS-9960 接近感測器
042:   while(!apds.enableProximitySensor()){
043:     Serial.println("接近感測器初始化錯誤");
044:   }
045:
046:   // 腳位設置
047:   pinMode(LED_BUILTIN, OUTPUT);
048:   digitalWrite(LED_BUILTIN, HIGH);
049:
050:   // 清除蒐集資料會用到的參數
051:   sensorArrayIdx = 0;
052:   dataCnt = 0;
053:   classCnt = 0;
054:
055:   Serial.println(

056:     "請將 APDS-9960 感測器靠近物件，以蒐集特徵資料\n"
057:   );
058: }
059:
060: void loop(){
061:   uint8_t proximity_data = 0;
062:   uint16_t red_light = 0;
063:   uint16_t green_light = 0;
064:   uint16_t blue_light = 0;
065:   uint16_t ambient_light = 0;
066:
067:   if(!apds.readProximity(proximity_data)){
068:     Serial.println("讀取接近值錯誤");
069:   }
070:
071:   // 當足夠接近時，開始蒐集
072:   if(proximity_data == 255 && dataCnt != ROUND){
073:     // 蒐集資料時，點亮內建指示燈
074:     digitalWrite(LED_BUILTIN, LOW);
075:
076:     if(!apds.readAmbientLight(ambient_light)  ||
077:        !apds.readRedLight(red_light)          ||
078:        !apds.readGreenLight(green_light)      ||
079:        !apds.readBlueLight(blue_light)){
080:       Serial.println("讀值錯誤");
081:     }else{
082:       // 取得各種顏色的比例
083:       float sum = red_light + green_light + blue_light;
084:       float redRatio = 0;
085:       float greenRatio = 0;
086:       float blueRatio = 0;
087:
088:       if(sum != 0){
089:         redRatio = red_light / sum;
090:         greenRatio = green_light / sum;
091:         blueRatio = blue_light / sum;
092:       }
```

```
093:
094:        sensorData[sensorArrayIdx] = redRatio;
095:        sensorArrayIdx++;
096:        sensorData[sensorArrayIdx] = greenRatio;
097:        sensorArrayIdx++;
098:        sensorData[sensorArrayIdx] = blueRatio;
099:        sensorArrayIdx++;
100:        dataCnt++;
101:        delay(500);
102:
103:        Serial.print("取得 ");
104:        Serial.print(dataCnt);
105:        Serial.println(" 筆資料");
106:      }
107:    }else{
108:      // 未蒐集資料時，內建指示燈不亮
109:      digitalWrite(LED_BUILTIN, HIGH);
110:
111:      // 每一個階段都會提示該階段蒐集完成的訊息
112:      if(dataCnt == ROUND){
113:        classCnt++;
114:        Serial.print("物件");
115:        Serial.print(classCnt);
116:        Serial.println("顏色取樣完成\n");
117:
118:        if(classCnt == 2){
119:          // 匯出特徵資料字串
120:          exporter.dataExport(
121:            sensorData,
122:            FEATURE_DIM,
123:            ROUND,
124:            2
125:          );
126:          Serial.print("蒐集完畢, ");
127:          Serial.print(
128:            "可以將特徵資料字串複製起來並存成 txt 檔, "
129:          );
```

```
130:          Serial.println(
131:            "若需要重新蒐集資料請重置 ESP32"
132:          );
133:          while(1);
134:        }
135:
136:        Serial.println("請在五秒內移開本次採樣的物件");
137:        // 倒數 5 秒
138:        for(int q = 5; q > 0; q--){
139:          Serial.println(q);
140:          delay(1000);
141:        }
142:        Serial.println("請繼續蒐集下一個物件的特徵資料\n");
143:
144:        // 要蒐集另一類，故清 0
145:        dataCnt = 0;
146:      }
147:    }
148: }
```

1. 第 10 行透過 #define FEATURE_DIM 定義特徵維度為 3, 這是因為每筆特徵資料為 RGB 三原色。

2. 第 11 行透過 #define ROUND 定義未熟成香蕉與熟成香蕉的特徵資料各要蒐集 50 筆。

3. 第 18 行建立一個 exporter 物件, 用於匯出蒐集的資料。

4. 第 21 行建立一個 sensorData 陣列, 用來儲存蒐集來的顏色資料, 其元素個數請參考**設計原理**一節說明。

5. 第 22～24 行為蒐集資料過程會用到的變數, 於後續用到時做解說。

6. 第 72～107 行表示當 APDS-9960 足夠接近物件時而且該類還沒蒐集完 50 筆資料 (dataCnt != ROUND)，則點亮內建指示燈並開始蒐集顏色資訊，存入 sensorData 陣列，而顏色資訊的計算方式如同設計原理所述。sensorArrayIdx 則是存取 sensorData 陣列的索引，存完一筆要累加一次，如此才能存放所有感測資料。另外還得累加 dataCnt，其為該類特徵是否蒐集完的依據，若已經蒐集到 50 筆資料 (dataCnt == ROUND)，則表示要進入顯示訊息程序，顯示訊息程序的內容於後續說明。

7. 第 107～147 行為非蒐集資料階段的處理程序，首先熄滅內建指示燈。若進入顯示訊息程序，則會累加 classCnt 來記錄目前蒐集好哪一類資料，並分成兩種情形。第一種情形是在蒐集完第一類資料時會印出 " 物件 1 顏色取樣完成 " 的訊息，並給使用者 5 秒的時間移開 APDS-9960，以免熟成的特徵誤取到未熟成的資料；第二種情形是當 2 類資料都蒐集完畢時，除了會印出 " 物件 2 顏色取樣完成 " 的訊息之外，還會使用 exporter 匯出所有蒐集到的資料。

🖳 實測

請先上傳**範例程式 LAB13\LAB13.ino**，開啟**序列埠監控視窗**來進行資料的蒐集，我們提供了熟成的香蕉與未熟成的香蕉圖片讓讀者進行資料蒐集。

⚠ 若未看到訊息，可以按一下 ESP32 上的 RESET 按鈕重置 ESP32，即可看到訊息。

未熟成的香蕉

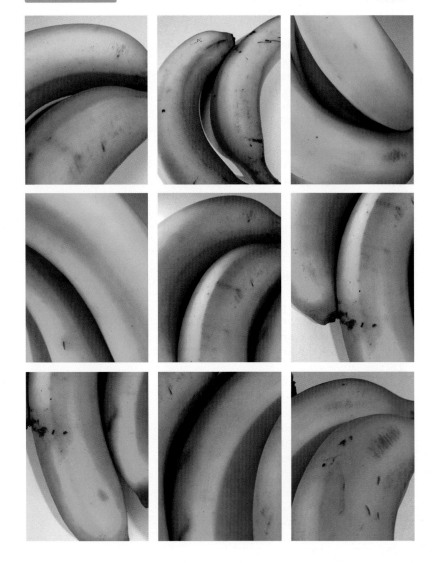

熟成的香蕉

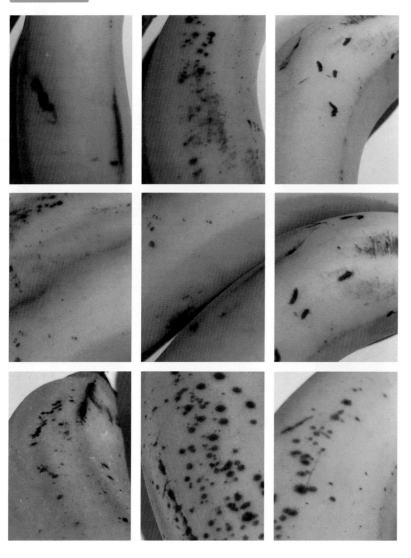

我們讓 APDS-9960 感測器靠近香蕉圖片來進行資料的蒐集，讀者可以個別保留 3 張圖片不要蒐集，做為後續評估模型時的測試資料。

首先我們先蒐集未熟成香蕉的特徵資料，請讀者直接讓 APDS-9960 感測器靠近未熟成的香蕉圖片，程式就會每 0.5 秒進行一筆特徵資料的蒐集，只要讓 APDS-9960 感測器遠離圖片即可停止蒐集資料，我們可以藉此機制來更換圖片，直到蒐集完 50 筆資料：

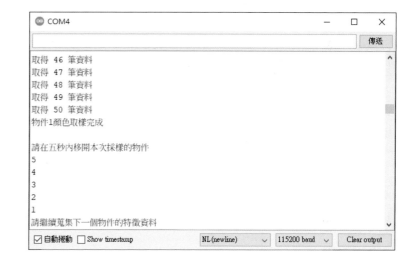

蒐集完 50 筆資料後，會有 5 秒的時間讓讀者將 APDS-9960 感測器遠離圖片，避免取樣熟成香蕉的特徵時，誤取到未熟成香蕉的特徵資料。

再來是蒐集熟成香蕉的特徵資料，我們一樣蒐集 50 筆資料：

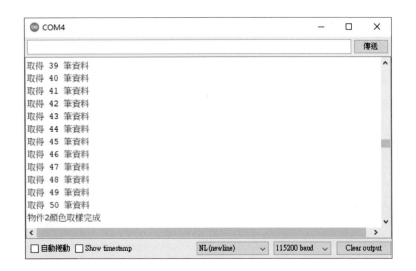

等到蒐集完畢後，我們將 exporter 印出的特徵資料內容複製起來，分別是**未熟成的特徵資料 (File1.txt)** 與**熟成的特徵資料 (File2.txt)**，共 2 段內容：

第 1 段內容是未熟成香蕉的特徵資料

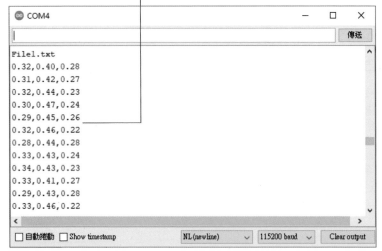

我們先複製 File1.txt 的內容並另存新檔：

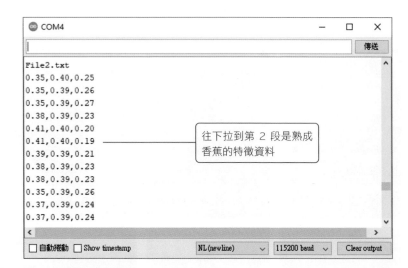

往下拉到第 2 段是熟成香蕉的特徵資料

1 將印出的資料內容**複製**起來

⚠ 不用複製 File1.txt 標題。

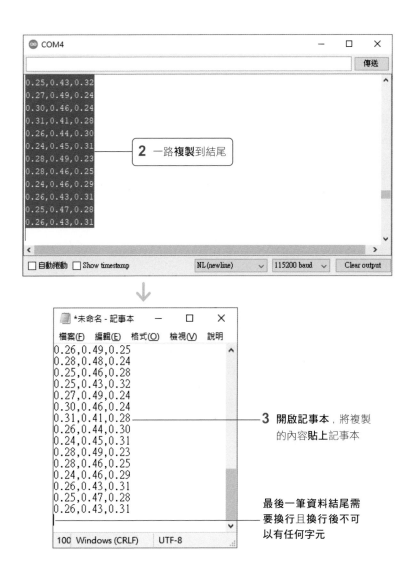

2 一路**複製**到結尾

3 開啟記事本，將複製的內容**貼上**記事本

最後一筆資料結尾需要換行且換行後不可以有任何字元

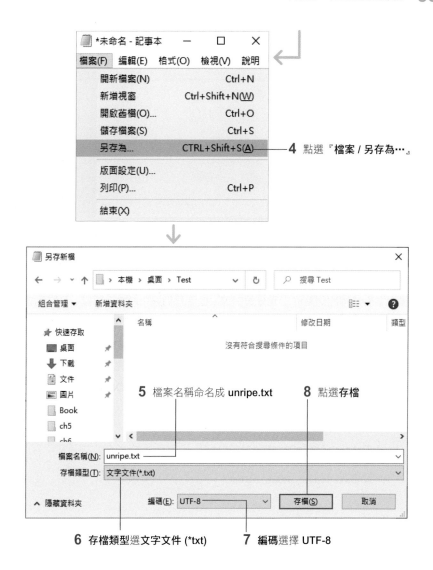

4 點選『**檔案 / 另存為⋯**』

5 檔案名稱命名成 unripe.txt

8 點選**存檔**

6 存檔類型選**文字文件** (*txt)　　7 **編碼**選擇 UTF-8

⚠️ 注意，分類問題的存檔方式如設計原理所述，不會有標籤資料的部分，因為**貼標籤的動作是由 Flag_DataReader 在讀檔時自動完成**，但最後一筆資料結尾仍需要換行且換行後不可以有任何字元 (這部分與 LAB02 相同)，否則會造成後續實驗讀取資料錯誤。

使用同樣的方式，複製 File2.txt 的內容並另存新檔，檔名叫做 ripe.txt。

⚠️ 請記得 unripe.txt 與 ripe.txt 存放位置，LAB14 會使用到這些資料檔。

LAB14 ▶ 水果熟成分類 - 訓練與評估

實驗目的

使用神經網路進行二元分類的訓練，使其可以辨識熟成香蕉與非熟成香蕉。

線路圖

同 LAB11。

設計原理

雖說本例是神經網路的二元分類訓練，但流程仍與 LAB02 類似，若對建立神經網路的流程不熟的話，可以先複習 LAB02。本實驗僅討論不一樣的點，LAB13 有提到在二元分類中，**Flag_DataReader 是以獨立的資料檔案來貼標籤，貼標籤的動作由 Flag_DataReader 在讀檔時自動完成**，至於對應特徵資料的標籤值是 0 還是 1，取決於讀檔順序，使用 **Flag_DataReader** 讀取二元分類檔案的方式如下：

```
trainData = trainDataReader.read(
  "/dataset/unripe.txt,/dataset/ripe.txt",
  trainDataReader.MODE_BINARY
);
```

其中，要讀多個檔案僅需使用逗號分隔路徑即可；另外，因為本例處理的是二元分類問題，所以模式選擇為 trainDataReader.MODE_BINARY。順序是先讀取 unripe.txt 所以 **Flag_DataReader** 會將 unripe.txt 的所有特徵貼上標籤 0，而 ripe.txt 因為是後讀取，所以將其所有特徵貼上標籤 1。

對於二元分類而言，標籤值已經是 0 與 1 了，所以不用再另外進行資料縮放，僅需做特徵資料的縮放即可。特徵縮放的概念與 LAB02 相同，可以參考 LAB02 說明。

在建立二元分類神經網路模型時，輸出層固定為一個神經元，且使用 sigmoid 函數當作激活函數，其餘的概念與 LAB02 相同：

```
Flag_LayerSequence nnStructure[] = {
  ...
  {
    .layerType = model.LAYER_DENSE,
    .neurons = 1,
    .activationType = model.ACTIVATION_SIGMOID
  }
};
```

訓練、匯出模型與預測的方法都與回歸模型相同，可以參考 LAB05 說明。取得預測值的方法跟回歸不一樣的點在於不用傳入 labelMaxAbs，因為二元分類的資料預處理中，並沒有進行標籤資料的縮放，所以取得預測的程式碼變為：

```
model.getResult(
  test_output_tensor,
  &predictVal
);
```

得到預測值後，通常會設定一個閾值，例如當預測值大於 0.5 時，代表是 1，反之則為 0：

```
if(predictVal > 0.5) Serial.println("第 1 類");
else                 Serial.println("第 2 類");
```

🖥 程式設計

⚠ 範例程式下載網址 https://www.flag.com.tw/DL?FM635A

完整程式碼如下：

```
001: /*
002:    水果熟成分類 -- 訓練與評估
003: */
004: #include <Flag_DataReader.h>
005: #include <Flag_Model.h>
006: #include <Wire.h>
007: #include <SparkFun_APDS9960.h>
008:
009: //------------全域變數------------
010: // 讀取資料的物件
011: Flag_DataReader trainDataReader;
012:
013: // 指向存放資料的指位器
014: Flag_DataBuffer *trainData;
015:
016: // 神經網路模型
017: Flag_Model model;
018:
019: // 感測器的物件
020: SparkFun_APDS9960 apds = SparkFun_APDS9960();
021:
022: // 資料預處理會用到的參數
023: float mean;
024: float sd;
025: //------------------------------
026:
027: void setup() {
028:    // 序列埠設置
029:    Serial.begin(115200);
030:
031:    // 初始化 APDS9960
032:    while(!apds.init()){
033:       Serial.println("APDS-9960 初始化錯誤");
034:    }
035:
036:    // 啟用 APDS-9960 光感測器
037:    while(!apds.enableLightSensor()){
038:       Serial.println("光感測器初始化錯誤");
039:    }
040:
041:    // 啟用 APDS-9960 接近感測器
042:    while(!apds.enableProximitySensor()){
043:       Serial.println("接近感測器初始化錯誤");
044:    }
045:
046:    // 腳位設置
047:    pinMode(LED_BUILTIN, OUTPUT);
048:    digitalWrite(LED_BUILTIN, HIGH);
049:
050:    // ----------------- 資料預處理 ------------------
051:    // 二元分類類型的訓練資料讀取
052:    trainData = trainDataReader.read(
053:       "/dataset/unripe.txt,/dataset/ripe.txt",
054:       trainDataReader.MODE_BINARY
055:    );
056:
057:    // 取得訓練特徵資料的平均值
058:    mean = trainData->featureMean;
059:
060:    // 取得訓練特徵資料的標準差
061:    sd = trainData->featureSd;
062:
063:    // 縮放訓練特徵資料: 標準化
064:    for(int j = 0;
065:       j < trainData->featureDataArryLen;
066:       j++)
067:    {
068:       trainData->feature[j] =
069:       (trainData->feature[j] - mean) / sd;
```

```
070:     }
071:
072:     // ---------------- 建構模型 --------------------
073:     Flag_ModelParameter modelPara;
074:     Flag_LayerSequence nnStructure[] = {
075:       { // 輸入層
076:         .layerType = model.LAYER_INPUT,
077:         .neurons = 0,
078:         .activationType = model.ACTIVATION_NONE
079:       },
080:       { // 第 1 層隱藏層
081:         .layerType = model.LAYER_DENSE,
082:         .neurons = 5,
083:         .activationType = model.ACTIVATION_RELU
084:       },
085:       { // 第 2 層隱藏層
086:         .layerType = model.LAYER_DENSE,
087:         .neurons = 10,
088:         .activationType = model.ACTIVATION_RELU
089:       },
090:       { // 輸出層
091:         .layerType = model.LAYER_DENSE,
092:         .neurons = 1,
093:         .activationType = model.ACTIVATION_SIGMOID
094:       }
095:     };
096:     modelPara.layerSeq = nnStructure;
097:     modelPara.layerSize =
098:       FLAG_MODEL_GET_LAYER_SIZE(nnStructure);
099:     modelPara.inputLayerPara =
100:       FLAG_MODEL_2D_INPUT_LAYER_DIM(
101:         trainData->featureDim
102:       );
103:     modelPara.lossFuncType   = model.LOSS_FUNC_MSE;
104:     modelPara.optimizerPara = {
105:       .optimizerType = model.OPTIMIZER_ADAM,
106:       .learningRate = 0.001,
107:       .epochs = 3000
108:     };
109:     model.begin(&modelPara);
110:
111:     // ---------------- 訓練模型 --------------------
112:     // 創建訓練用的特徵張量
113:     uint16_t train_feature_shape[] = {
114:       trainData->dataLen,
115:       trainData->featureDim
116:     };
117:     aitensor_t train_feature_tensor = AITENSOR_2D_F32(
118:       train_feature_shape,
119:       trainData->feature
120:     );
121:
122:     // 創建訓練用的標籤張量
123:     uint16_t train_label_shape[] = {
124:       trainData->dataLen,
125:       trainData->labelDim
126:     };
127:     aitensor_t train_label_tensor = AITENSOR_2D_F32(
128:       train_label_shape,
129:       trainData->label
130:     );
131:
132:     // 訓練模型
133:     model.train(
134:       &train_feature_tensor,
135:       &train_label_tensor
136:     );
137:
138:     // 匯出模型
139:     model.save(mean, sd);
140: }
141:
142: void loop(){
143:     // ---------------- 評估模型 --------------------
```

```
144:    float sensorData[trainData->featureDim];
145:    uint8_t proximity_data = 0;
146:    uint16_t red_light = 0;
147:    uint16_t green_light = 0;
148:    uint16_t blue_light = 0;
149:    uint16_t ambient_light = 0;
150:
151:    if(!apds.readProximity(proximity_data)){
152:      Serial.println("讀取接近值錯誤");
153:    }
154:
155:    // 當足夠接近時，開始蒐集
156:    if (proximity_data == 255) {
157:      // 辨識時，內建指示燈會亮
158:      digitalWrite(LED_BUILTIN, LOW);
159:
160:      if(!apds.readAmbientLight(ambient_light)   ||
161:         !apds.readRedLight(red_light)           ||
162:         !apds.readGreenLight(green_light)       ||
163:         !apds.readBlueLight(blue_light)){
164:        Serial.println("讀值錯誤");
165:      }else{
166:        // 取得各種顏色的比例
167:        float sum = red_light + green_light + blue_light;
168:        float redRatio = 0;
169:        float greenRatio = 0;
170:        float blueRatio = 0;
171:
172:        if(sum != 0){
173:          redRatio = red_light / sum;
174:          greenRatio = green_light / sum;
175:          blueRatio = blue_light / sum;
176:        }
177:
178:        sensorData[0] = redRatio;
179:        sensorData[1] = greenRatio;
180:        sensorData[2] = blueRatio;
```

```
181:
182:        // 測試資料預處理
183:        float *test_feature_data = sensorData;
184:        for(int i = 0; i < trainData->featureDim; i++){
185:          test_feature_data[i] =
186:            (sensorData[i] - mean) / sd;
187:        }
188:
189:        // 模型預測
190:        uint16_t test_feature_shape[] = {
191:          1, // 每次測試一筆資料
192:          trainData->featureDim
193:        };
194:        aitensor_t test_feature_tensor = AITENSOR_2D_F32(
195:          test_feature_shape,
196:          test_feature_data
197:        );
198:        aitensor_t *test_output_tensor;
199:
200:        test_output_tensor = model.predict(
201:          &test_feature_tensor
202:        );
203:
204:        // 輸出預測結果
205:        float predictVal;
206:        model.getResult(
207:          test_output_tensor,
208:          &predictVal
209:        );
210:        Serial.print("預測結果: ");
211:        Serial.print(predictVal);
212:        if(predictVal > 0.5) Serial.println(" 已熟成");
213:        else                 Serial.println(" 未熟成");
214:        delay(1000);
215:      }
216:    } else {
217:      // 未辨識時，內建指示燈不亮
```

```
218:    digitalWrite(LED_BUILTIN, HIGH);
219:    }
220: }
```

第 52～55 行依據設計原理讀取二元分類的資料檔。

第 144 行宣告一個 sensorData[] 陣列，用來儲存顏色資訊，因為有 RGB 三原色，因此要 3 個元素來儲存，這裡使用 trainData->featureDim（其值為 3），較容易了解元素個數的意義。

第 178～180 行儲存處理過後的顏色資訊。

第 183～202 行做資料預處理，並加入到測試用的張量 test_feature_tensor，然後進行預測。

第 205～209 行依據設計原理取得預測值。

第 212～213 行依據設計原理設定閾值。

實測

因為運行程式時會使用到 LAB13 所儲存的 ripe.txt 與 unripe.txt 作為訓練資料，所以需先將此 2 檔案複製到 LAB14\data\dataset 資料夾下 (LAB14\data\dataset 資料夾中有預先準備好由我們所蒐集的 ripe.txt 與 unripe.txt，讀者也可以直接使用這些資料檔進行學習)，再用 ESP32 檔案上傳工具將 ripe.txt 與 unripe.txt 從電腦端上傳到 ESP32，上傳方法與 LAB02 相同。

上傳檔案後，再上傳**範例程式 LAB14\LAB14.ino**，並**開啟序列部監控視窗**查看訓練狀況並進行評估：

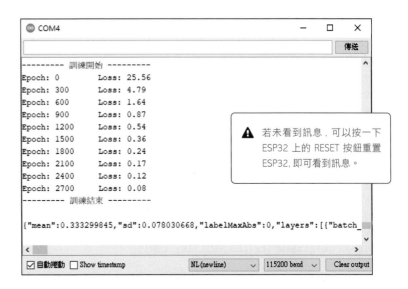

訓練完畢後，請將 JSON 格式的模型複製起來，貼到記事本並另存新檔，**檔案名稱為 banana_model.json**，我們於 LAB15 會用到：

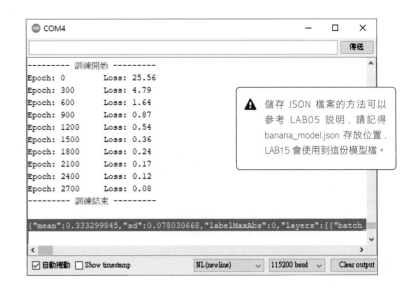

接著進入評估階段，我們將 APDS-9960 靠近當初保留的測試圖片，來看預測的結果：

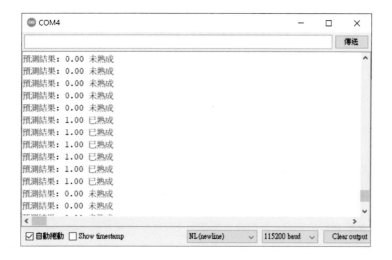

若預測情況不佳，請將剛剛存檔的模型檔刪除，並重新訓練，直到結果可以接受，則模型就算訓練完成。

⚠️ 若讀者是用我們準備的特徵資料檔進行訓練與評估，可能會遇到預測不準的情形，主要是因為我們蒐集資料使用的 APDS-9960 與您手上的 APDS-9960 不是同一個（即便是相同型號的晶片，感測值也會有差異，另外偵測的距離、光線等都會有影響），所以建議讀者可以從蒐集資料開始，建立自己的水果熟成分類。

LAB15▶ 水果熟成分類系統 - IFTTT

🖳 實驗目的

直接載入由 LAB14 訓練好的模型來建構神經網路，利用神經網路來分辨香蕉是否已經熟成，並使用蜂鳴器發出已偵測到香蕉的提示聲，最後透過 IFTTT 傳送 LINE 訊息來記錄該次檢測未熟成香蕉的數量。

🖳 線路圖

同 LAB12。

🖳 設計原理

為了可以讓 LINE 記錄該次檢測未熟成香蕉的數量，所以先到 IFTTT 網站建立新的小程式，做法如同 5-3，若不熟悉可以先複習 5-3。我們一樣在 if This 的選項中，先選擇 Webhooks，並點選 Receive a web request，然後在 Event Name 欄位輸入 banana：

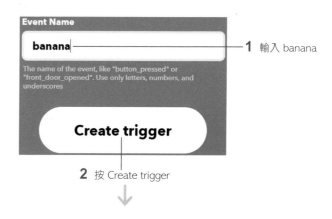

在 Then That 的選項中，選擇 LINE，並點選 Send message 後，將 Message
欄位內容改為如下所示：

1 Message 欄位內
容改成如圖所示

2 按 Create action

若設定完成，按下測
試按鈕就會收到訊息

都設定好後按 Continue 與 Finish 來完成小程式的建立。接著一樣到
Webhooks 的 Documentation 頁面，我們一樣先測試小程式是否有建立成功：

1  這裡填上 **banana**

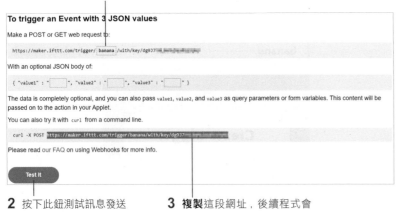

2 按下此鈕測試訊息發送

3 **複製**這段網址，後續程式會
使用到此網址來發送請求

這時候收到的訊息一樣是不完整的，我們後續實驗會指定 **{{Value1}}** 的內
容，到時候收到的訊息就會是完整的了。

建立好 IFTTT 小程式後，程式中就可以加入 IFTTT 請求來發送 LINE 訊息了，
發送 LINE 訊息的概念與 LAB10 相同，若不熟可以先複習 LAB10。

建立神經網路的部分，我們會直接使用 LAB14 訓練好的 banana_model.
json，使用 JSON 檔案建立神經網路的方式與 LAB06 相同，可以參考 LAB06
說明。

本實驗有用到計時器來計算閒置時間，當閒置時間超過 8 秒時，就代表
此次檢測完畢並發送未熟成香蕉數量的 LINE 訊息。而計算閒置時間有用
到 millis() 函數，其為 Arduino 原生的函數，它能夠取得微控制器從上電開
始到現在所經過的毫秒數。我們將最後一次進入未偵測狀態的時間用變數
lastTime 記錄下來，然後再判斷 millis() 減去 lastTime 是否大於 8000 毫秒
(8 秒) 即可判斷檢測是否完畢：

```
if(millis() - lastTime > 8000){
  // 檢測完畢
  while(1);
}
```

程式設計

⚠ 範例程式下載網址 https://www.flag.com.tw/DL?FM635A

完整程式碼如下：

```
001: /*
002:    水果熟成分類系統 -- IFTTT
003: */
004: #include <Flag_Model.h>
005: #include <Wire.h>
006: #include <SparkFun_APDS9960.h>
007: #include <WiFi.h>
008: #include <HTTPClient.h>
009:
010: #define AP_SSID    "基地台SSID"
011: #define AP_PWD     "基地台密碼"
012: #define IFTTT_URL  "IFTTT請求路徑"
013:
014: //------------全域變數------------
015: // 神經網路模型
016: Flag_Model model;
017:
018: // 感測器的物件
019: SparkFun_APDS9960 apds = SparkFun_APDS9960();
020:
021: // 計時器變數
022: uint8_t resetTimer;
023: uint32_t lastTime;
024:
025: // 未熟香蕉數量
026: uint32_t unripeCnt;
027: //--------------------------------
028:
029: // 傳送 LINE 訊息
030: void notify(uint32_t unripeTotal){
031:    String ifttt_url = IFTTT_URL;
032:    String url = ifttt_url +
033:      "?value1=" + String(unripeTotal);
034:
035:    HTTPClient http;
036:    http.begin(url);
037:    int httpCode = http.GET();
038:    if(httpCode < 0) Serial.println("連線失敗");
039:    else            Serial.println("連線成功");
040:    http.end();
041: }
042:
043: void setup() {
044:    // 序列埠設置
045:    Serial.begin(115200);
046:
047:    // 初始化 APDS9960
048:    while(!apds.init()){
049:      Serial.println("APDS-9960 初始化錯誤");
050:    }
051:
052:    // 啟用 APDS-9960 光感測器
053:    while(!apds.enableLightSensor()){
054:      Serial.println("光感測器初始化錯誤");
055:    }
056:
057:    // 啟用 APDS-9960 接近感測器
058:    while(!apds.enableProximitySensor()){
059:      Serial.println("接近感測器初始化錯誤");
060:    }
061:
062:    // 腳位設置
063:    pinMode(LED_BUILTIN, OUTPUT);
064:    pinMode(32, OUTPUT);
065:    digitalWrite(LED_BUILTIN, HIGH);
066:    digitalWrite(32, LOW);
```

```
067:
068:     // Wi-Fi 設置
069:     WiFi.begin(AP_SSID, AP_PWD);
070:     while(WiFi.status() != WL_CONNECTED) {
071:       Serial.print(".");
072:       delay(500);
073:     }
074:     Serial.println("\n成功連上基地台!");
075:
076:     // ----------------- 建構模型 --------------------
077:     // 讀取已訓練的模型檔
078:     model.begin("/banana_model.json");
079:
080:     // 初始化計時器變數
081:     resetTimer = false;
082:     lastTime = millis();
083:
084:     // 清除未熟香蕉數量
085:     unripeCnt = 0;
086:
087:     Serial.println("檢測開始");
088: }
089:
090: void loop(){
091:     // ----------------- 即時預測 --------------------
092:     float sensorData[model.inputLayerDim];
093:     uint8_t proximity_data = 0;
094:     uint16_t red_light = 0;
095:     uint16_t green_light = 0;
096:     uint16_t blue_light = 0;
097:     uint16_t ambient_light = 0;
098:
099:     if(!apds.readProximity(proximity_data)){
100:       Serial.println("讀取接近值錯誤");
101:     }
102:
103:     // 當足夠接近時，開始蒐集
104:     if (proximity_data == 255) {
105:       // 辨識時，內建指示燈會亮
106:       digitalWrite(LED_BUILTIN, LOW);
107:
108:       if(!apds.readAmbientLight(ambient_light)   ||
109:          !apds.readRedLight(red_light)           ||
110:          !apds.readGreenLight(green_light)       ||
111:          !apds.readBlueLight(blue_light)){
112:         Serial.println("讀值錯誤");
113:       }else{
114:         // 取得各種顏色的比例
115:         float sum = red_light + green_light + blue_light;
116:         float redRatio = 0;
117:         float greenRatio = 0;
118:         float blueRatio = 0;
119:
120:         if(sum != 0){
121:           redRatio = red_light / sum;
122:           greenRatio = green_light / sum;
123:           blueRatio = blue_light / sum;
124:         }
125:
126:         sensorData[0] = redRatio;
127:         sensorData[1] = greenRatio;
128:         sensorData[2] = blueRatio;
129:
130:         // 測試資料預處理
131:         float *test_feature_data = sensorData;
132:         for(int i = 0; i < model.inputLayerDim; i++){
133:           test_feature_data[i] =
134:              (sensorData[i] - model.mean) / model.sd;
135:         }
136:
137:         // 模型預測
138:         uint16_t test_feature_shape[] = {
```

```
139:         1, // 每次測試一筆資料
140:         model.inputLayerDim
141:     };
142:     aitensor_t test_feature_tensor = AITENSOR_2D_F32(
143:         test_feature_shape,
144:         test_feature_data
145:     );
146:     aitensor_t *test_output_tensor;
147:
148:     test_output_tensor = model.predict(
149:         &test_feature_tensor
150:     );
151:
152:     // 輸出預測結果
153:     float predictVal;
154:     model.getResult(
155:         test_output_tensor,
156:         &predictVal
157:     );
158:     Serial.print("預測結果: ");
159:     Serial.print(predictVal);
160:     if(predictVal > 0.5) {
161:         Serial.println(" 已熟成");
162:     }else{
163:         unripeCnt++;
164:         Serial.println(" 未熟成");
165:     }
166:     digitalWrite(32, HIGH);
167:     delay(300);
168:     digitalWrite(32, LOW);
169:     delay(1000);
170:     resetTimer = true;
171:     }
172:  } else {
173:     // 未辨識時，內建指示燈不亮
174:     digitalWrite(LED_BUILTIN, HIGH);
175:     if(resetTimer){
176:         lastTime = millis();
177:         resetTimer = false;
178:     }
179:
180:     // 判斷是否檢測完畢
181:     if(millis() - lastTime > 8000){
182:         notify(unripeCnt);
183:         Serial.println("檢測結束");
184:         while(1);
185:     }
186:  }
187: }
```

1. 第 10～12 行定義了基地台 SSID、基地台密碼、IFTTT 請求路徑，讀者需先進行修改。其中 IFTTT_URL 就是**前面在設定完 IFTTT 小程式後，所複製的網址**。

2. 第 22～23 行宣告計時器變數，因為本次香蕉熟成檢測是否完畢是依據閒置時間來做計算的，所以要宣告計時器變數。

3. 第 26 行宣告 unripeCnt 變數來作為未熟成香蕉個數的計數，此變數值會再檢測結束時，發送到 LINE 以記錄未熟成香蕉的數量。

4. 第 30 行 notify() 是傳送 IFTTT 請求的函數，會將 unripeTotal（未熟成香蕉總數）加入到 IFTTT 請求中，因此 LINE 收到的訊息就會包含未熟成香蕉的數量了（也就是 IFTTT 設定 LINE 時的 Value1）。

5. 第 163 行是當偵測到未熟成的香蕉時，就累加 unripeCnt。

6. 第 166～169 行是當偵測到香蕉時，讓蜂鳴器發出提示聲。

7. 第 170 行因為處於偵測階段，所以 resetTimer 要設成 true, 表示要重新計算閒置時間。

8. 第 175~185 行為計算閒置時間的程式，若超過 8000 毫秒（8 秒）都未偵測（即閒置），則代表此次香蕉熟成檢測完畢，並發送未熟成香蕉的數量訊息到 LINE。

🖳 實測

建立神經網路會使用到 LAB14 所儲存的 banana_model.json, 需先將其複製到 LAB15\data 資料夾下（LAB15\data 資料夾下有預先準備好由我們所訓練好的 banana_model.json, 讀者也可以直接使用該模型檔進行學習），再用 ESP32 檔案上傳工具將 banana_model.json 從電腦端上傳到 ESP32, 上傳方法與 LAB02 相同。

接著再上傳**範例程式 LAB15\LAB15.ino**, 並開啟**序列埠監控視窗**即可進行香蕉熟成檢測實驗。請將 APDS-9960 靠近 LAB13 的香蕉圖片，足夠靠近時，蜂鳴器會發出聲音，代表已偵測到且已辨識（可於序列埠觀看辨識的信心度），此時即可移開 APDS-9960 再對下一張香蕉圖片進行辨識。若超過 8 秒都未偵測（即閒置），則代表此次檢測完畢，並發送未熟成香蕉的數量訊息到 LINE：

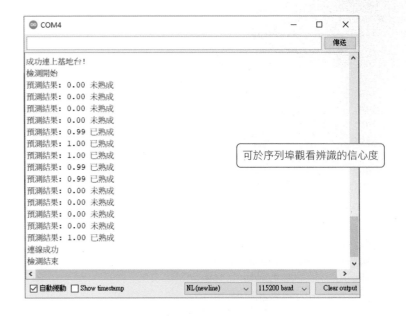

可於序列埠觀看辨識的信心度

檢測結束時，會發送未熟成香蕉的數量到 LINE 做記錄

07

多元分類 – 手勢解鎖門禁

前面我們已經實作了迴歸問題與二元分類，本章將使用六軸感測器實作多元分類，透過訓練神經網路以辨識各種不同手勢，最後搭配用來模擬門鎖的伺服馬達，當我們輸入正確的手勢後，就可以解鎖門禁。

7-1 六軸感測器

偵測人體動作的感測器統稱**體感偵測器**，目前有許多不同的感測器以不同的原理來實現，本套件使用常見的『六軸感測器』，其型號為 MPU6050，它可以感測到**加速度計的 3 軸**和**陀螺儀的 3 軸**，總共 6 軸：

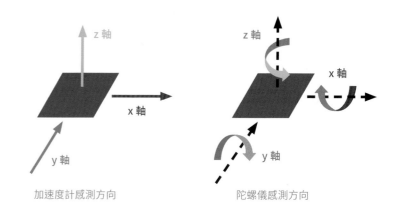

加速度計感測方向　　　　　　　　陀螺儀感測方向

. 如果上圖不好了解，可以先將六軸感測器平擺（針腳朝下），把它想像成人類，每軸所對應的動作如下：

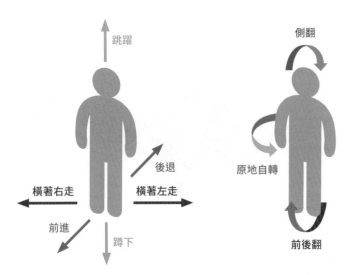

加速度計感測方向　　　　　陀螺儀感測方向

六軸感測器軸度	人體動作
加速度計 x 軸	橫著左右走
加速度計 y 軸	前進或後退
加速度計 z 軸	跳躍或蹲下
陀螺儀 x 軸	正面翻跟斗
陀螺儀 y 軸	側面翻跟斗
陀螺儀 z 軸	原地自轉

當**直線運動有加速度**時，『加速度計』數值會大幅度變化，當有**旋轉運動**時，『陀螺儀』數值會大幅度變化。

LAB16 ▶ 顯示六軸感測資訊

實驗目的

顯示六軸感測器的加速度值和陀螺儀值。

線路圖

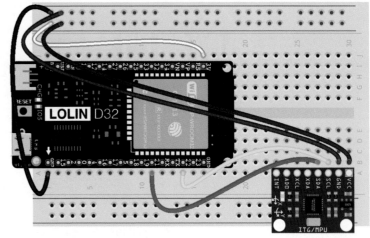

⚠ 如果要繼續本章後續的實驗，請保留 MPU6050 的接線。

MPU6050	用途	ESP32
VCC	電源	3V
GND	接地	GND
SDA	串列資料線	21
SCL	串列時脈線	22

設計原理

MPU6050 六軸感測器的相關功能會用到 **Flag_MPU6050 模組**，所以需事先匯入：

```
#include <Flag_MPU6050.h>
```

⚠ Flag_MPU6050 模組已經包含在 **FLAG_Sensor** 程式庫，若仍未安裝**旗標科技**所開發的 **FLAG_Sensor** 程式庫，請按照 4-1 節『安裝 FLAG_Sensor』一文安裝。

使用 MPU6050 之前需要先初始化，接著用 while(!mpu6050.isReady()) 等待初始化完成：

```
mpu6050.init();
while(!mpu6050.isReady());
```

更新 MPU6050 的加速度值與陀螺儀值的方式如下：

```
mpu6050.update();
```

我們可以透過 mpu6050.data 取得感測器的各種資訊，再搭配使用 Serial.println() 將資訊印出，以取得加速度計 x 軸的數值為例：

```
Serial.println(mpu6050.data.accX);
```

若要取得其他資訊請參考下表：

六軸感測器資訊	對應方法
加速度計 x 軸	accX
加速度計 y 軸	accY
加速度計 z 軸	accZ
陀螺儀 x 軸	gyrX
陀螺儀 y 軸	gyrY
陀螺儀 z 軸	gyrZ
溫度計	temperature

程式設計

⚠ 範例程式下載網址 https://www.flag.com.tw/DL?FM635A。

依照設計原理來實現的完整程式碼如下：

```
01: /*
02:     顯示六軸感測資訊
03: */
04: #include <Flag_MPU6050.h>
05:
06: Flag_MPU6050 mpu6050;
07:
08: void setup(){
09:     // 序列埠設置
10:     Serial.begin(115200);
11:
12:     // MPU6050 初始化
13:     mpu6050.init();
14:     while(!mpu6050.isReady());
15: }
16:
17: void loop(){
```

```
18:    // 更新 MPU6050 的資訊
19:    mpu6050.update();
20:
21:    // 顯示 MPU6050 資訊
22:    Serial.print("ACC_X: ");
23:    Serial.println(mpu6050.data.accX);
24:    Serial.print("ACC_Y: ");
25:    Serial.println(mpu6050.data.accY);
26:    Serial.print("ACC_Z: ");
27:    Serial.println(mpu6050.data.accZ);
28:    Serial.print("GYR_X: ");
29:    Serial.println(mpu6050.data.gyrX);
30:    Serial.print("GYR_Y: ");
31:    Serial.println(mpu6050.data.gyrY);
32:    Serial.print("GYR_Z: ");
33:    Serial.println(mpu6050.data.gyrZ);
34:    Serial.print("Temperature: ");
35:    Serial.println(mpu6050.data.temperature);
36:    Serial.println();
37:
38:    delay(1000);
39: }
```

實測

上傳程式後，開啟序列埠監控視窗，並按下 ESP32 上面的 RESET 鈕，即可看到六軸感測器資訊每秒更新一次，這時候可以拿起麵包板往不同方向移動或旋轉，再觀察不同軸向的數值變化：

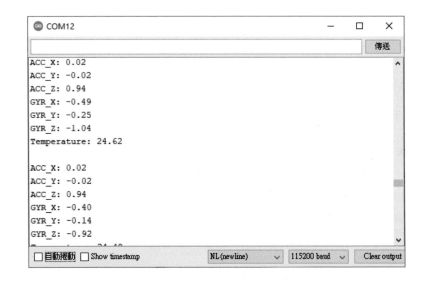

六軸感測器數據分析

FLAG_MPU6050 預設的加速度計感測區間為 ±2g（g: 重力加速度），陀螺儀區間為 ±250°/s（角度 / 秒）。執行完 LAB16 後會發現將六軸感測器平放於桌上靜止不動（沒有加速度），加速度計的 z 軸仍約有 1 的數值（其單位為重力加速度）。為什麼會這樣呢？想像一下六軸感測器是一個 6 面都是牆的箱子，當中有一顆球，每當有加速度產生時，球就會撞擊到與加速度反向的牆，透過撞擊到牆壁所受到的力來感測加速度值。所以當我們將六軸感測器平放，球就會因為重力向下掉，這時底部的牆就會一直接受到重力加速度 (1g)，所以會看到加速計的 z 軸得到 1 附近的值。

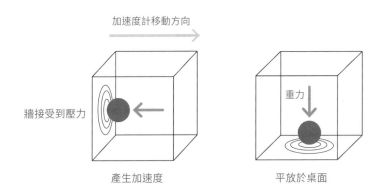

加速度計移動方向

牆接受到壓力

重力

產生加速度

平放於桌面

7-2 伺服馬達

為了後續的手勢解鎖門禁實驗，我們先來了解本套件中的門鎖：伺服馬達。

→ 接地線，將它與 ESP32 的 GND 相連
→ 供電線，將它與 ESP32 的正極相連
→ 訊號線，將它與 ESP32 的 GPIO 腳位相連

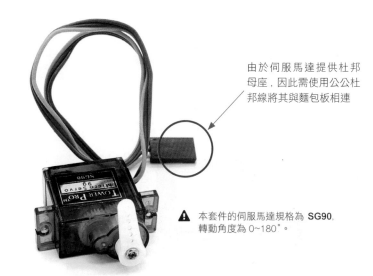

由於伺服馬達提供杜邦母座，因此需使用公公杜邦線將其與麵包板相連

⚠ 本套件的伺服馬達規格為 **SG90**，轉動角度為 0~180°。

伺服馬達 (servo) 是可以根據指令轉到**指定角度**的馬達，它藉由內部感測器得知目前的旋轉角度，並不斷跟**指定角度**做比較來進行修正。

⚠ 可由實際應用的需求來決定安裝舵臂的種類與方向。

⚠ 伺服馬達通電後**請不要使用外力去轉動轉軸**，否則會導致馬達毀損。

LAB17▶ 控制伺服馬達

🖳 實驗目的

使用 ESP32Servo 程式庫控制伺服馬達。

🖳 線路圖

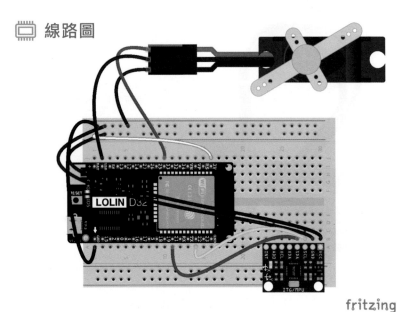

fritzing

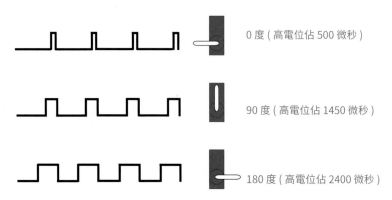

0 度 (高電位佔 500 微秒)

90 度 (高電位佔 1450 微秒)

180 度 (高電位佔 2400 微秒)

▲ 脈衝訊號的頻率是 50Hz

⚠ 如果要繼續本章後續的實驗，請保留 MPU6050 與伺服馬達的接線。

⚠ 注意，伺服馬達的供電線是接在提供 5V 的 USB 腳位，因為這樣才能夠順利推動伺服馬達。

⚠ **脈衝訊號** 指的是短時間內從基準線變化震幅再回到基準線的訊號，上圖的脈衝訊號會不斷切換電位的高低。

在寫程式的時候，並不需要指定脈衝訊號的高電位持續時間，只需要使用 **ESP32Servo 模組**，就可以輕鬆指定伺服馬達的角度。

首先需要安裝 ESP32Servo 程式庫，請點選『**工具 / 管理程式庫**』開啟**程式庫管理員**：

伺服馬達	用途	ESP32
紅色線	電源	USB
棕色線	接地	GND
橙色線	訊號線	33

🖳 設計原理

伺服馬達的訊號線會用來接收 ESP32 的脈衝訊號，並根據脈衝訊號的高電位持續時間來決定轉動角度：

1 輸入 esp32servo

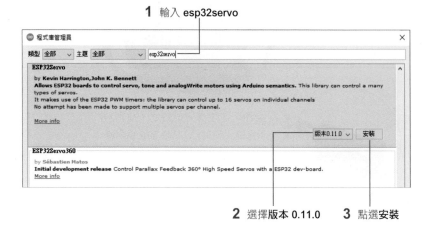

2 選擇**版本 0.11.0**　　**3** 點選**安裝**

安裝完成後，就可以在程式中匯入，並宣告 servo 物件：

```
#include <ESP32Servo.h>
Servo servo;
```

要控制伺服馬達前需先使用 servo.attach() 設定**腳位**以及**高電位持續時間**的**最小、最大值**，這裡使用的 sg90 在 0 度與 180 度對應的持續時間分別為 **500** 微秒與 **2400** 微秒：

```
servo.attach(33, 500, 2400);
```

再使用 servo.write(angle) 就可以控制伺服馬達到指定的 **angle** 角度：

```
servo.write(angle);
```

🖳 程式設計

⚠️ 範例程式下載網址 https://www.flag.com.tw/DL?FM635A

依照設計原理來實現的完整程式碼如下：

```
01: /*
02:    控制伺服馬達
03: */
04: #include <ESP32Servo.h>
05:
06: Servo servo;
07:
08: void setup(){
09:    // 設定伺服馬達的接腳
10:    servo.attach(33, 500, 2400);
11: }
```

```
12:
13: void loop(){
14:    for(int angle = 0; angle < 180; angle++){
15:       servo.write(angle);
16:       delay(15);
17:    }
18:    for(int angle = 180; angle > 0; angle--){
19:       servo.write(angle);
20:       delay(15);
21:    }
22: }
```

🖳 實測

上傳程式後，伺服馬達會先轉到 0 度位置，接著慢慢轉動到 180 度位置，再轉回 0 度，不斷重複。

7-3 實作：多元分類 – 手勢辨識

本節使用神經網路來做手勢辨識，屬於多元分類問題，並且透過每個人定義的手勢符號與軌跡不一定相同的特性，在本章末實現手勢辨識解鎖的實驗。多元分類就是神經網路要從多個選項之中，指出哪一個選項是答案的機率最高。以下就是一個簡單的多元分類神經網路的例子，其能分 4 類：

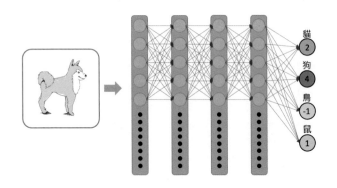

❶ 輸出一定為正：

如果用 " 該類別的值除以總和 " 來計算機率，那麼上例中鳥的機率大約為 -0.167，然而機率中不應該存在負值，由於 e^x 一定為正值，所以 Softmax 函數便能解決此問題。

❷ 更容易找出最大的值：

由於神經網路是用輸出最大的數值，作為多元分類的答案，而 Softmax 函數使用了指數運算，所以最大的值就會更為突顯，也就是強者更強。例用 " 該類別的值除以總和 " 來計算機率的話，最大值的狗機率約為 0.67、次之的貓為 0.33，如果用 Softmax 函數計算，則分別是 0.84、0.11，可見它拉開了最大值與其它值的差距，這樣更適合處理多元分類問題（多選一）。

以下是加入 Softmax 激活函數的多元分類神經網路：

以上就是一個能判斷輸入影像是什麼動物的神經網路，我們首先要定義輸出神經元對應的類別，以上面的例子來看就是：貓、狗、鳥、老鼠，這 4 類。這樣一來，輸入一張影像給神經網路後，輸出值最高的神經元就代表是該影像最有可能的類別，上面的例子中，神經網路就是將此影像分類為狗。

🖳 Softmax 激活函數

不過以上的神經網路有一個小問題，那就是輸出神經元的總和不等於 1，這樣的話就無法看作是該類別的預測機率了。為了保證多元分類神經網路的輸出層總和為 1，通常會在最後一層接上 **Softmax** 激活函數，與先前只需要單一神經元作為輸入的激活函數不同，它需要輸入整個神經層來進行計算，以下為它的函數：

$$該類別的機率 = \frac{e^{該類別的值}}{e^{貓} + e^{狗} + e^{鳥} + e^{鼠}}$$

所以狗的機率就為：$\frac{e^4}{e^2 + e^4 + e^{-1} + e^1} \cong 0.84$，或許讀者會有一個疑問：要取機率的話，不就把該類別的值除以總和就好嗎？為什麼還需要用 Softmax 函數呢？這是因為 Softmax 函數有以下 2 個效果：

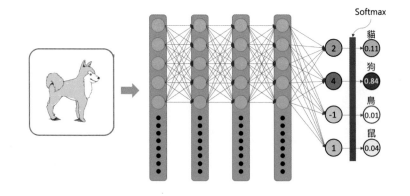

One-hot 編碼

迴歸問題的標籤就是對應的輸出,二元分類就是 0 或 1,那麼多元分類的標籤要如何定義呢?我們前面使用張量來定義標籤,代表標籤也能是多維的,多元分類的標籤即是如此,只要將答案的類別定為 1,其餘類別定為 0 即可,例如貓的標籤就是 [1, 0, 0, 0]、狗的則是 [0, 1, 0, 0],由於這種標籤的數值中只會有一個值為 1,所以稱為 **one-hot** 編碼。

最後我們總結一下多元分類神經網路的設計方法:

❶ 要做多少類別的分類,那輸出層就要有多少神經元。

❷ 輸出層的激活函數要使用 Softmax。

❸ 標籤資料要使用 one-hot 編碼。

有了這些觀念後,就能設計一個能判斷手勢動作的神經網路,我們一樣要先蒐集**手勢**的特徵資料集,然後再將資料集餵入神經網路,讓它自行學習,即可完成手勢辨識。

LAB18▶ 手勢紀錄 – 蒐集訓練資料

實驗目的

使用六軸感測器來蒐集訓練神經網路用的特徵資料,本例會讓讀者蒐集 3 種手勢,分別是數字 1、2、3,各蒐集 30 筆資料。

⚠ 後續實驗的手勢都是以是數字 1、2、3 為例,建議讀者起初使用該手勢進行學習。理解之後再嘗試使用其他手勢進行實驗。

線路圖

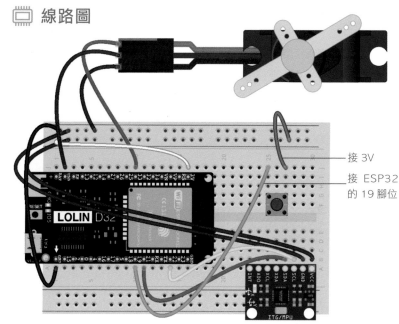

接 3V

接 ESP32 的 19 腳位

fritzing

⚠ 如果要繼續本章後續的實驗,請保留 MPU6050、伺服馬達、按鈕的接線。

若覺得伺服馬達會干擾手勢的蒐集,建議可以利用麵包板後面的泡棉膠固定伺服馬達,如右圖所示:

設計原理

本實驗的蒐集過程，類似於 LAB13，透過序列埠監控視窗與使用者作互動然後蒐集資料。我們僅需要按著按鈕並揮舞麵包板（詳見**實測**一節說明），即可完成手勢資料的蒐集。在蒐集完畢後，一樣會使用 **Flag_DataExporter** 模組將所蒐集的資料全部印出。讓使用者複製並另存成資料檔，多元分類的資料印出方式如下：

```
exporter.dataExport(
    sensorData,   // 存放蒐集特徵資料的陣列
    FEATURE_DIM,  // 每筆特徵資料的維度
    LEN,          // 特徵資料的筆數
    CLASS_TOTAL   // 多少類的特徵資料
);
```

其中參數意義與二元分類相同，只是多元分類有多種類別的特徵，所以使用 CLASS_TOTAL 來代表，而二元分類則是固定為 2。

在 LAB16 中，我們透過 MPU6050 感測 6 軸的資訊，本實驗就是要蒐集每個手勢的六軸資訊來當作特徵資料。但是與蒐集顏色相比，手勢是一個過程，並非單一次偵測就可代表該動作的特徵，所以我們要在動作的時間內，定時蒐集多個六軸資訊來代表該手勢的一筆特徵資料。前述提到了定時蒐集，我們將該時間定義為週期，本實驗一個週期為 0.1 秒，總共會取 10 個週期的 MPU6050 資訊做為一筆特徵資料，也就是 1 秒會蒐集到一筆特徵。換言之，記錄手勢的時間也只有 1 秒，需在 1 秒內完成手勢，然後每個手勢各取 30 筆特徵。

計算週期的方式也是使用 millis()，若對 millis() 不熟，可以參考 LAB15 的說明。

在多元分類中，Flag_DataReader 一樣是以獨立的資料檔案來貼標籤，所以我們僅需蒐集特徵資料即可，貼標籤的動作由 Flag_DataReader 在讀檔時自動完成。所以蒐集多元分類資料與二元分類的概念相同，只是多元分類會蒐集多個特徵資料檔，而二元分類固定只有兩個特徵資料檔。

⚠ 後續實驗會再詳細介紹 Flag_DataReader 讀取多元分類資料檔的方式，這裡僅需知道蒐集資料的概念與二元分類相同，只是特徵資料檔數量不同而已。

程式設計

⚠ 範例程式下載網址 https://www.flag.com.tw/DL?FM635A

完整程式碼如下：

```
001: /*
002:   手勢紀錄 -- 蒐集訓練資料
003: */
004: #include <Flag_MPU6050.h>
005: #include <Flag_Switch.h>
006: #include <Flag_DataExporter.h>
007:
008: // 1 個週期取 MPU6050 的 6 個參數
009: // 每 10 個週期為一筆特徵資料
010: // 3 種手勢各取 30 筆
011: #define CLASS_TOTAL 3
012: #define SENSOR_PARA 6
013: #define PERIOD 10
014: #define ROUND 30
015: #define FEATURE_DIM (PERIOD * SENSOR_PARA)
016:
017: //------------全域變數------------
018: // 感測器的物件
019: Flag_MPU6050 mpu6050;
020: Flag_Switch collectBtn(19);
021:
022: // 匯出蒐集資料會用的物件
023: Flag_DataExporter exporter;
```

```
024:
025: // 蒐集資料會用到的參數
026: float sensorData[FEATURE_DIM * ROUND * CLASS_TOTAL];
027: uint32_t sensorArrayIdx, lastArrayIdx;
028: uint32_t collectFinishedCond;
029: uint32_t lastMeasTime;
030: uint32_t dataCnt;
031: uint8_t classCnt;
032: //-------------------------------
033:
034: void setup(){
035:   // 序列埠設置
036:   Serial.begin(115200);
037:
038:   // MPU6050 初始化
039:   mpu6050.init();
040:   while(!mpu6050.isReady());
041:
042:   // 腳位設置
043:   pinMode(LED_BUILTIN, OUTPUT);
044:   digitalWrite(LED_BUILTIN, HIGH);
045:
046:   // 清除蒐集資料會用到的參數
047:   sensorArrayIdx = lastArrayIdx = 0;
048:   collectFinishedCond = 0;
049:   lastMeasTime = 0;
050:   dataCnt = 0;
051:   classCnt = 0;
052:
053:   Serial.println(
054:     "請按著按鈕並做出手勢，以蒐集手勢特徵\n"
055:   );
056: }
057:
058: void loop(){
059:   // 當按鈕按下時，開始蒐集資料
060:   if(collectBtn.read()){
```

```
061:     // 蒐集資料時，點亮內建指示燈
062:     digitalWrite(LED_BUILTIN, LOW);
063:
064:     // 每 100 毫秒為一個週期來取一次 MPU6050 資料
065:     if(millis() - lastMeasTime > 100){
066:       // MPU6050 資料更新
067:       mpu6050.update();
068:       sensorData[sensorArrayIdx] = mpu6050.data.accX;
069:       sensorArrayIdx++;
070:       sensorData[sensorArrayIdx] = mpu6050.data.accY;
071:       sensorArrayIdx++;
072:       sensorData[sensorArrayIdx] = mpu6050.data.accZ;
073:       sensorArrayIdx++;
074:       sensorData[sensorArrayIdx] = mpu6050.data.gyrX;
075:       sensorArrayIdx++;
076:       sensorData[sensorArrayIdx] = mpu6050.data.gyrY;
077:       sensorArrayIdx++;
078:       sensorData[sensorArrayIdx] = mpu6050.data.gyrZ;
079:       sensorArrayIdx++;
080:       collectFinishedCond++;
081:
082:       // 連續取 10 個週期作為一筆特徵資料，
083:       // 也就是一秒會取到一筆特徵資料
084:       if(collectFinishedCond == PERIOD){
085:         // 取得一筆特徵資料
086:         dataCnt++;
087:         Serial.print("第 ");
088:         Serial.print(dataCnt);
089:         Serial.println(" 筆資料蒐集已完成");
090:
091:         // 每一個階段都會提示該階段蒐集完成的訊息
092:         if(dataCnt == ROUND){
093:           classCnt++;
094:           Serial.print("手勢");
095:           Serial.print(classCnt);
096:           Serial.println("取樣完成\n");
097:
```

```
098:        if(classCnt == CLASS_TOTAL){
099:            // 匯出特徵資料字串
100:            exporter.dataExport(
101:                sensorData,
102:                FEATURE_DIM,
103:                ROUND,
104:                CLASS_TOTAL
105:            );
106:            Serial.print("蒐集完畢, ");
107:            Serial.print(
108:                "可以將特徵資料字串複製起來並存成 txt 檔, "
109:            );
110:            Serial.println(
111:                "若需要重新蒐集資料請重置 ESP32"
112:            );
113:            while(1);
114:        }
115:
116:            // 要蒐集下一類, 故清 0
117:            dataCnt = 0;
118:            Serial.println(
119:                "請繼續蒐集下一個手勢的特徵資料\n"
120:            );
121:        }
122:
123:        lastArrayIdx = sensorArrayIdx;
124:
125:            // 要先放開按鈕才能再做資料的蒐集
126:            while(collectBtn.read());
127:        }
128:        lastMeasTime = millis();
129:    }
130: }else{
131:    // 未蒐集資料時, 熄滅內建指示燈
132:    digitalWrite(LED_BUILTIN, HIGH);
133:
134:    // 若蒐集的中途放開按鈕, 則不足以形成一筆特徵資料
135:        sensorArrayIdx = lastArrayIdx;
136:
137:    // 按鈕放開, 則代表特徵資料要重新蒐集
138:        collectFinishedCond = 0;
139:    }
140: }
```

1. 第 11～14 行中的 CLASS_TOTAL 為 3, 代表定義了 3 種類型的手勢。依據設計原理, 1 個週期取 MPU6050 的 6 個參數, 每 10 個週期為一筆特徵資料, 每種類型的手勢各取 30 筆, 因此分別定義了 SENSOR_PARA、PERIOD、ROUND 以利後續程式撰寫。

2. 第 15 行定義 FEATURE_DIM, 計算方式是 PERIOD * SENSOR_PARA, 其為 60 維的特徵資料。

3. 第 20 行建立一個蒐集資料的按鈕, 我們只要按著按鈕並在空中揮舞麵包板即可記錄該手勢。

4. 第 26 行宣告一個 sensorData[] 陣列, 用來儲存特徵資料, 因為特徵資料有 60 個維度, 再加上有 30 筆而且總共 3 個類型的手勢, 因此需要 FEATURE_DIM * ROUND * CLASS_TOTAL (即 60 * 30 * 3) 個元素來儲存。

5. 第 27 行除了宣告 sensorArrayIdx (存取 sensorData 陣列的索引) 之外, 還宣告了 lastArrayIdx, 這是因為若蒐集資料的中途放開按鈕, 則不足以形成一筆特徵資料, 此時需要還原已經累加的 sensorArrayIdx 到未蒐集此筆手勢資料前的值, 也就是 lastArrayIdx。

6. 第 28 行的 collectFinishedCond 用來判斷是否已經蒐集了 10 個週期。

7. 第 29 行的 lastMeasTime 用來計時一個週期時間 (0.1 秒), 我們只需要判斷 millis() – lastMeasTime 是否大於 100, 即可定時蒐集資料。

8. 第 60～130 行是蒐集資料的程序, 當按著按鈕時, 即會進行資料的蒐集。蒐集時, 點亮內建指示燈, 並且每 0.1 秒蒐集一筆 MPU6050 的資料。若已經蒐集了 10 個週期, 則代表蒐集到該手勢的一筆特徵, 此時會累加 dataCnt 並提示目前已經蒐集了幾筆特徵。當 dataCnt == ROUND 代表一種手勢已經取樣完成, 此時會累加 classCnt 並顯示提示訊息。最後當 classCnt == CLASS_TOTAL, 代表每種手勢的資料都已經蒐集完畢, 會用 exporter 印出所蒐集的特徵資料讓使用者另存新檔。

9. 第 123 行的 lastArrayIdx = sensorArrayIdx 表示當蒐集完一筆手勢特徵後, 要更新 lastArrayIdx。

10. 第 126 行是為了防止跨筆蒐集資料而做的機制, 要求此筆手勢特徵蒐集完時, 要先放開按鈕才能再做另一筆特徵的蒐集。

11. 第 128 行的 lastMeasTime = millis() 表示要重新計時新的週期。

12. 第 130～139 行是未蒐集資料的程序, 當按鈕放開時, 就表示不進行資料的蒐集, 未蒐集時, 熄掉內建指示燈。若蒐集的中途放開按鈕, 則不足以形成一筆特徵資料, 此時需要使用 lastArrayIdx 來還原已經累加的 sensorArrayIdx 到未蒐集此筆特徵前的值。最後是 collectFinishedCond 要清成 0, 代表要重新蒐集一筆新的特徵。

實測

請先上傳**範例程式 LAB18\LAB18.ino**, 開啟**序列埠監控視窗**來進行資料的蒐集。請直接按著按鈕, 並做出手勢, 一共進行 3 種手勢的資料蒐集:

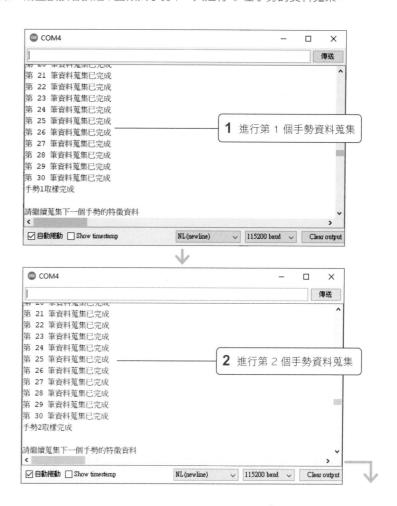

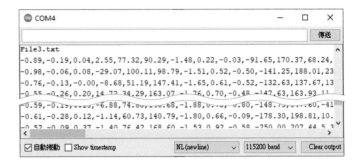

當 3 種手勢都蒐集完畢會分別印出 3 個特徵資料檔案的內容：

我們要分別將三個檔案的內容複製起來並另存新檔，檔名分別是 one.txt、two.txt、three.txt：

1 我們先複製 File1.txt 的內容

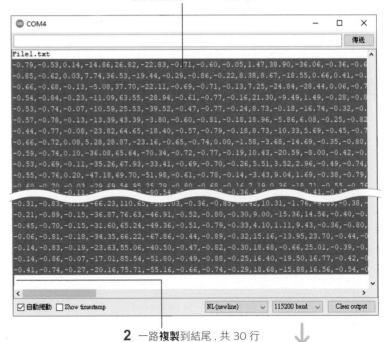

2 一路**複製**到結尾，共 30 行

⚠ 不用複製 File1.txt 標題。

3 開啟記事本，
將複製的內容
貼上記事本

4 請取消『**格式 /
自動換行**』的
選取，方便觀看
檔案內容

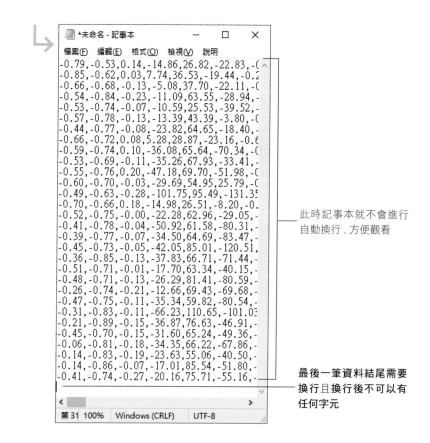

此時記事本就不會進行
自動換行，方便觀看

**最後一筆資料結尾需要
換行且換行後不可以有
任何字元**

注意，分類問題的存檔方式如設計原理所述，不會有標籤資料的部分，因為
貼標籤的動作是由 Flag_DataReader 在讀檔時自動完成，但最後一筆資料
結尾仍需要換行且換行後不可以有任何字元（這部分與 LAB02 相同），否則
會造成後續實驗讀取資料錯誤。

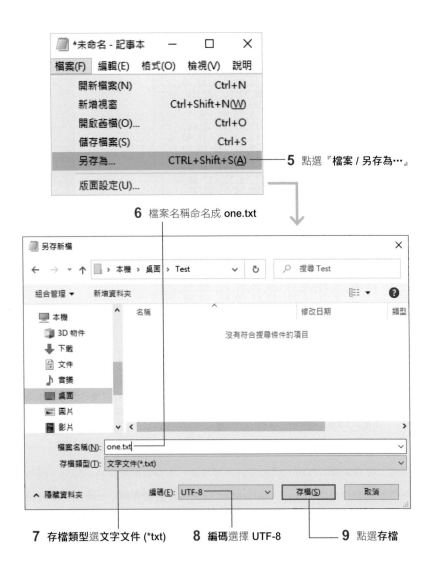

5 點選『**檔案 / 另存為…**』

6 檔案名稱命名成 **one.txt**

7 **存檔類型**選**文字文件 (*.txt)**　8 **編碼**選擇 **UTF-8**　9 點選**存檔**

使用同樣的方式,複製 File2.txt 與 File3.txt 的內容並另存新檔,檔名分別叫做 two.txt 與 three.txt。

⚠ 請記得 one.txt、two.txt、three.txt 存放位置,LAB19 會使用到這些資料檔。

LAB19▶ 手勢紀錄 – 訓練與評估

📟 實驗目的

使用神經網路進行多元分類的訓練,使其可以進行手勢辨識。

📟 線路圖

同 LAB18。

📟 設計原理

雖說本例是神經網路的多元分類訓練,但流程仍與 LAB14 類似,可以先複習 LAB14。本實驗僅討論不一樣的點,我們於 LAB18 有提到在多元分類中,**Flag_DataReader 是以獨立的資料檔案來貼標籤**,貼標籤的動作由 **Flag_DataReader 在讀檔時自動完成**,其會在讀取資料檔時為特徵資料進行 **One-hot 編碼**,讀取多元分類檔案的方式如下:

```
trainData = trainDataReader.read(
  "/dataset/one.txt,/dataset/two.txt,/dataset/three.txt",
  trainDataReader.MODE_CATEGORICAL
);
```

其中,要讀多個檔案僅需使用逗號分隔路徑即可;若覺得路徑太長,也可以使用字串加法的方式。不過字串加法需要是 String 型別才支援,所以要先將 char 陣列透過轉型運算子 (String),轉型成 String 後,再做字串加法的動作:

```
trainData = trainDataReader.read(
  (String)
  "/dataset/one.txt," +
  "/dataset/two.txt," +
  "/dataset/three.txt",
  trainDataReader.MODE_CATEGORICAL
);
```

另外，因為本例處理的是多元分類問題，所以模式選擇為 trainDataReader. MODE_CATEGORICAL。順序是先讀取 one.txt 所以 Flag_DataReader 會將 one.txt 的所有特徵貼上標籤 [1, 0, 0]，而 two.txt 是第二個讀取的檔案，所以會貼上標籤 [0, 1, 0]，同理 three.txt 會貼上標籤 [0, 0, 1]。

如同二元分類，多元分類的標籤，也不用再另外進行資料縮放，僅需做特徵資料的縮放即可。特徵縮放的概念與 LAB02 相同，可以參考 LAB02 說明。

前面介紹多元分類時，提到輸出層的神經元個數與類別數量相同，所以在建立多元分類的神經網路模型時，要設定與類別數量相同的神經元個數，我們可以使用 trainDataReader.getNumOfFiles() 來得知類別數量，因為檔案的個數就是類別的數量。另外，前面也提到要使用 softmax 函數當作激活函數，綜合上述的設定如下：

```
uint32_t classNum = trainDataReader.getNumOfFiles();
Flag_LayerSequence nnStructure[] = {
  ...
  { // 輸出層
    .layerType = model.LAYER_DENSE,
    .neurons = classNum,
    .activationType = model.ACTIVATION_SOFTMAX
  }
};
```

多元分類的損失函數要選擇交叉熵，設定如下：

```
modelPara.lossFuncType = model.LOSS_FUNC_CORSS_ENTROPY;
```

其他諸如訓練、匯出模型與預測的方法都與二元分類相同，可以參考 LAB14 說明。取得預測值的方法雖然類似二元分類，但因為多元分類的輸出有多個，所以需要傳入預測值陣列，儲存各個輸出值。我們可以使用 model.getNumOfOutputs() 直接獲得神經網路輸出層的神經元個數來建立預測值陣列：

```
float predictVal[model.getNumOfOutputs()];
model.getResult(
  test_output_tensor,
  predictVal
);
```

前面提到，多元分類會為每個選項輸出信心值，model.argmax() 會回傳信心值最高的元素之索引：

```
uint8_t maxIndex = model.argmax(predictVal);
Serial.print("本次預測最高信心值的選項為 ");
Serial.println(maxIndex + 1);
```

其中 maxIndex + 1，是因為陣列的索引都是從 0 開始計算，但通常我們講選項（類別），都是從 1 開始算，因此使用 maxIndex + 1。

程式設計

完整程式碼如下：

```
001: /*
002:    手勢紀錄 -- 訓練與評估
003: */
004: #include <Flag_DataReader.h>
005: #include <Flag_Model.h>
006: #include <Flag_MPU6050.h>
007: #include <Flag_Switch.h>
008:
009: // 1 個週期取 MPU6050 的 6 個參數
010: // 每 10 個週期為一筆特徵資料
011: #define SENSOR_PARA 6
012: #define PERIOD 10
013:
014: //------------全域變數------------
015: // 讀取資料的物件
016: Flag_DataReader trainDataReader;
017:
018: // 指向存放資料的指位器
019: Flag_DataBuffer *trainData;
020:
021: // 神經網路模型
022: Flag_Model model;
023:
024: // 感測器的物件
025: Flag_MPU6050 mpu6050;
026: Flag_Switch collectBtn(19);
027:
028: // 資料預處理會用到的參數
029: float mean;
030: float sd;
031:
032: // 評估模型會用到的參數
033: float sensorData[PERIOD * SENSOR_PARA];
034: uint32_t sensorArrayIdx;
035: uint32_t collectFinishedCond;
036: uint32_t lastMeasTime;
037: //-------------------------------
038:
039: void setup() {
040:    // 序列埠設置
041:    Serial.begin(115200);
042:
043:    // MPU6050 初始化
044:    mpu6050.init();
045:    while(!mpu6050.isReady());
046:
047:    // 腳位設置
048:    pinMode(LED_BUILTIN, OUTPUT);
049:    digitalWrite(LED_BUILTIN, HIGH);
050:
051:    // 清除蒐集資料會用到的參數
052:    sensorArrayIdx = 0;
053:    collectFinishedCond = 0;
054:    lastMeasTime = 0;
055:
056:    // ---------------- 資料預處理 ------------------
057:    // 多元分類類型的資料讀取
058:    trainData = trainDataReader.read(
059: "/dataset/one.txt,/dataset/two.txt,/dataset/three.txt",
060:       trainDataReader.MODE_CATEGORICAL
061:    );
062:
063:    // 取得特徵資料的平均值
064:    mean = trainData->featureMean;
065:
066:    // 取得特徵資料的標準差
067:    sd = trainData->featureSd;
068:
```

```
069:    // 特徵資料正規化：標準差法
070:    for(int j = 0;
071:        j < trainData->featureDataArryLen;
072:        j++)
073:    {
074:      trainData->feature[j] =
075:        (trainData->feature[j] - mean) / sd;
076:    }
077:
078:    // ----------------- 建構模型 --------------------
079:    uint32_t classNum = trainDataReader.getNumOfFiles();
080:    Flag_ModelParameter modelPara;
081:    Flag_LayerSequence nnStructure[] = {
082:      { // 輸入層
083:        .layerType = model.LAYER_INPUT,
084:        .neurons =  0,
085:        .activationType = model.ACTIVATION_NONE
086:      },
087:      { // 第 1 層隱藏層
088:        .layerType = model.LAYER_DENSE,
089:        .neurons = 10,
090:        .activationType = model.ACTIVATION_RELU
091:      },
092:      { // 輸出層
093:        .layerType = model.LAYER_DENSE,
094:        .neurons = classNum,
095:        .activationType = model.ACTIVATION_SOFTMAX
096:      }
097:    };
098:    modelPara.layerSeq = nnStructure;
099:    modelPara.layerSize =
100:      FLAG_MODEL_GET_LAYER_SIZE(nnStructure);
101:    modelPara.inputLayerPara =
102:      FLAG_MODEL_2D_INPUT_LAYER_DIM(
103:        trainData->featureDim
104:      );
105:    modelPara.lossFuncType =
106:      model.LOSS_FUNC_CORSS_ENTROPY;
107:    modelPara.optimizerPara = {
108:      .optimizerType = model.OPTIMIZER_ADAM,
109:      .learningRate = 0.001,
110:      .epochs = 1000,
111:    };
112:    model.begin(&modelPara);
113:
114:    // ----------------- 訓練模型 --------------------
115:    // 創建訓練用的特徵張量
116:    uint16_t train_feature_shape[] = {
117:      trainData->dataLen,
118:      trainData->featureDim
119:    };
120:    aitensor_t train_feature_tensor = AITENSOR_2D_F32(
121:      train_feature_shape,
122:      trainData->feature
123:    );
124:
125:    // 創建訓練用的標籤張量
126:    uint16_t train_label_shape[] = {
127:      trainData->dataLen,
128:      trainData->labelDim
129:    };
130:    aitensor_t train_label_tensor = AITENSOR_2D_F32(
131:      train_label_shape,
132:      trainData->label
133:    );
134:
135:    // 訓練模型
136:    model.train(
137:      &train_feature_tensor,
138:      &train_label_tensor
139:    );
140:
141:    // 匯出模型
142:    model.save(mean, sd);
```

```
143: }
144:
145: void loop() {
146:     // ----------------- 評估模型 --------------------
147:     // 當按鈕按下時，開始蒐集資料
148:     if(collectBtn.read()){
149:         // 蒐集資料時，點亮內建指示燈
150:         digitalWrite(LED_BUILTIN, LOW);
151:
152:         // 每 100 毫秒為一個週期來取一次 MPU6050 資料
153:         if(millis() - lastMeasTime > 100){
154:             // MPU6050 資料更新
155:             mpu6050.update();
156:             sensorData[sensorArrayIdx] = mpu6050.data.accX;
157:             sensorArrayIdx++;
158:             sensorData[sensorArrayIdx] = mpu6050.data.accY;
159:             sensorArrayIdx++;
160:             sensorData[sensorArrayIdx] = mpu6050.data.accZ;
161:             sensorArrayIdx++;
162:             sensorData[sensorArrayIdx] = mpu6050.data.gyrX;
163:             sensorArrayIdx++;
164:             sensorData[sensorArrayIdx] = mpu6050.data.gyrY;
165:             sensorArrayIdx++;
166:             sensorData[sensorArrayIdx] = mpu6050.data.gyrZ;
167:             sensorArrayIdx++;
168:             collectFinishedCond++;
169:
170:             // 連續取 10 個週期作為一筆特徵資料，
171:             // 也就是一秒會取到一筆特徵資料
172:             if(collectFinishedCond == PERIOD){
173:                 // 測試資料預處理
174:                 float *test_feature_data = sensorData;
175:                 for(int i = 0; i < trainData->featureDim; i++){
176:                     test_feature_data[i] =
177:                         (sensorData[i] - mean) / sd;
178:                 }
179:
180:                 // 模型預測
181:                 uint16_t test_feature_shape[] = {
182:                     1, // 每次測試一筆資料
183:                     trainData->featureDim
184:                 };
185:                 aitensor_t test_feature_tensor=AITENSOR_2D_F32(
186:                     test_feature_shape,
187:                     test_feature_data
188:                 );
189:                 aitensor_t *test_output_tensor;
190:                 test_output_tensor = model.predict(
191:                     &test_feature_tensor
192:                 );
193:
194:                 // 輸出預測結果
195:                 float predictVal[model.getNumOfOutputs()];
196:                 model.getResult(
197:                     test_output_tensor,
198:                     predictVal
199:                 );
200:                 Serial.print("預測結果: ");
201:                 model.printResult(predictVal);
202:
203:                 // 找到信心值最大的索引
204:                 uint8_t maxIndex = model.argmax(predictVal);
205:                 Serial.print("你寫的數字為: ");
206:                 Serial.println(maxIndex + 1);
207:
208:                 // 要先放開按鈕才能再做資料的蒐集
209:                 while(collectBtn.read());
210:             }
211:             lastMeasTime = millis();
212:         }
213:     }else{
214:         // 未蒐集資料時，熄滅內建指示燈
215:         digitalWrite(LED_BUILTIN, HIGH);
216:
```

```
217:        // 按鈕放開，則代表特徵資料要重新蒐集
218:        collectFinishedCond = 0;
219:
220:        // 若中途手放開按鈕，則不足以形成一筆特徵資料
221:        sensorArrayIdx = 0;
222:    }
223: }
```

1. 第 58～61 行依據設計原理讀取多元分類的資料檔。

2. 第 79～112 行依據設計原理建構多元分類的神經網路與設定訓練參數。

3. 第 174～192 行將蒐集到的特徵做資料預處理，並加入到測試用的張量 test_feature_tensor，然後進行預測。

4. 第 195～206 行依據設計原理取得預測值。

實測

因為運行程式時會使用到 LAB18 所儲存的 one.txt、two.txt、three.txt 作為訓練資料，所以需先將此 3 個檔案複製到 LAB19\data\dataset 資料夾下 (LAB19\data\dataset 資料夾中有預先準備好由我們所蒐集的 one.txt、two.txt、three.txt，讀者也可以直接使用這些資料檔進行學習)，再用 ESP32 檔案上傳工具將 one.txt、two.txt、three.txt 從電腦端上傳到 ESP32，上傳方法與 LAB02 相同。

上傳檔案後，再上傳**範例程式 LAB19\LAB19.ino**，並**開啟序列部監控視窗**查看訓練狀況並進行評估：

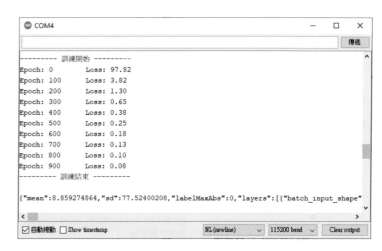

⚠ 若未看到訊息，可以按一下 ESP32 上的 RESET 按鈕重置 ESP32，即可看到訊息。

訓練完畢後，請將 JSON 格式的模型複製起來，貼到記事本並另存新檔，**檔案名稱為 gesture_model.json**，我們於 LAB20 會用到：

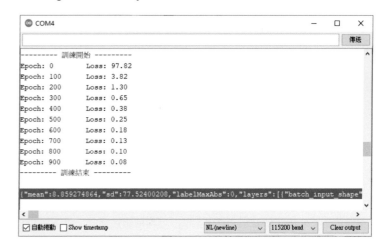

⚠ 儲存 JSON 檔案的方法可以參考 LAB05 說明，請記得 gesture_model.json 存放位置，LAB20 會使用到這份模型檔。

接著進入評估階段，我們如同 LAB18 的操作方法來取得手勢的特徵，並觀看預測的結果：

若預測情況不佳，請將剛剛存檔的模型檔刪除，並重新訓練，直到結果可以接受，則模型就算訓練完成。

⚠ 若讀者是用我們準備的特徵資料檔進行訓練與評估，可能會遇到預測不準的情形，主要是因為我們蒐集手勢的情況可能與您手勢的情況不符（即便是相同手勢，動作速度、時間等都會有影響），所以建議讀者可以從蒐集資料開始，建立自己的手勢辨識。

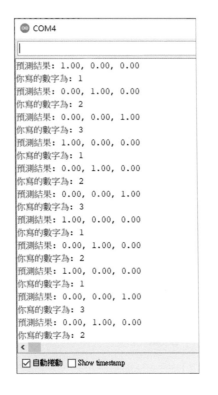

在此套件中，藉由伺服馬達的轉軸來當作門鎖：

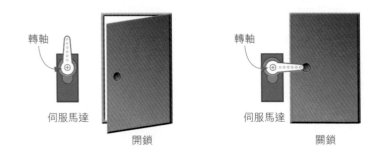

轉軸　　　伺服馬達　　開鎖

轉軸　　　伺服馬達　　關鎖

🖳 線路圖

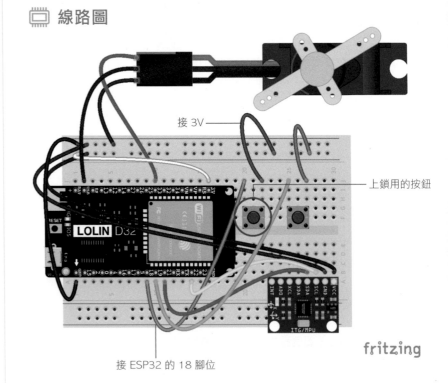

接 3V

上鎖用的按鈕

接 ESP32 的 18 腳位

fritzing

≡ LAB20▶ 手勢解鎖門禁 - IFTTT

🖳 實驗目的

使用 LAB19 訓練的模型來辨識手勢，搭配 LAB17 所使用的伺服馬達作為門鎖，模擬成一套利用手勢解鎖的門禁系統，並在解鎖成功時，透過 IFTTT 發送 LINE 通知，以防有人非法入侵。

設計原理

為了可以在解鎖成功時發送 LINE 通知，所以先到 IFTTT 網站建立新的小程式，做法如同 5-3，若不熟悉可以先複習 5-3。我們一樣在 if This 的選項中，先選擇 Webhooks，並點選 Receive a web request，然後在 Event Name 欄位輸入 gesture：

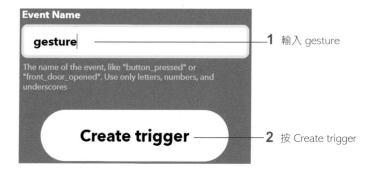

1 輸入 gesture

2 按 Create trigger

在 Then That 的選項中，選擇 LINE，並點選 Send message 後，將 Message 欄位內容改為如右所示：

1 Message 欄位內容改成如圖所示

2 按 Create action

都設定好後按 Continue 與 Finish 來完成小程式的建立。接著一樣到 Webhooks 的 Documentation 頁面，我們一樣先測試小程式是否有建立成功：

1 這裡填上 gesture

2 按下此鈕測試訊息發送

3 複製這段網址，後續程式會使用到此網址來發送請求

若設定完成，按下測試按鈕就會收到訊息

本實驗的訊息較單純，不用夾帶替換資訊，僅傳送訊息即可。

建立好 IFTTT 小程式後，程式中就可以加入 IFTTT 請求來發送 LINE 訊息了，發送 LINE 訊息的概念與 LAB10 相同，若不熟可以先複習 LAB10。

建立神經網路的部分，我們會直接使用 LAB19 訓練好的 gesture_model.json，使用 JSON 檔案建立神經網路的方式與 LAB06 相同，可以參考 LAB06 說明。

本實驗密碼解鎖的部分使用到了狀態機的觀念，我們以下面程式來解說：

```
// 密碼 : 213
uint8_t pwd[] = {2, 1, 3};

// 狀態
enum{FIRST_WORD,SECOND_WORD,THIRD_WORD,TOTAL_STATE};

// 狀態變數
uint8_t state = FIRST_WORD;

// 密碼檢查
void pwdCheck(uint8_t gesture){
  // 狀態機
  if(gesture == pwd[state]) {
    state++;
  }else{
    Serial.println("輸入密碼錯誤，請重新輸入");
    state = FIRST_WORD;
  }
  if(state == TOTAL_STATE){
    Serial.println("解鎖成功");
    servo.write(UNLOCK);
    notify();
    state = FIRST_WORD;
  }
}
```

上述例子密碼是 213，為了在手勢辨識的過程中能提示密碼輸入錯誤，或是在輸入成功時，可以解鎖並發送 LINE 通知，因此我們須針對三個狀態（因為密碼有 3 位）去處理。上述使用列舉的方式定義了三種狀態，FIRST_WORD、SECOND_WORD、THIRD_WORD，每個狀態要處理的事情不外乎就是判斷手勢有沒有符合密碼的順序，可以透過 if(gesture == pwd[state]) 來判斷。再來就是要跳到下一個狀態時，我們僅需累加 state 即可。這樣再

度呼叫 pwdCheck() 時，就會判斷下一位密碼的順序是否正確了。當三個狀態的都成功通過後，就可以解鎖與發送 LINE 通知，並使用 state = FIRST_WORD 回到判斷密碼的第一位，也就是初始狀態。同理，當輸入密碼錯誤時，也是用相同的方法回到初始狀態。

另外，我們也可以加入信心度的閾值來增加進入密碼判定的門檻，這樣可以在信心度不高時，重新輸入該位數，以免判定為輸入錯誤而又要從頭輸入密碼：

```
uint8_t gesture = maxIndex + 1;
if(predictVal[maxIndex] >= 0.70){
  pwdCheck(gesture);
}else{
  Serial.println("信心值不夠，不做密碼判定");
}
```

此例信心度的閾值為 0.7。

程式設計

⚠ 範例程式下載網址 https://www.flag.com.tw/DL?FM635A

完整程式碼如下：

```
001: /*
002:   手勢解鎖門禁 - IFTTT
003: */
004: #include <Flag_Model.h>
005: #include <Flag_MPU6050.h>
006: #include <Flag_Switch.h>
007: #include <ESP32Servo.h>
008: #include <WiFi.h>
009: #include <HTTPClient.h>
```

```
010:
011: #define AP_SSID      "基地台SSID"
012: #define AP_PWD       "基地台密碼"
013: #define IFTTT_URL   "IFTTT請求路徑"
014:
015: // 定義 0 度解鎖, 90 度上鎖
016: #define LOCK 90
017: #define UNLOCK 0
018:
019: // 1 個週期取 MPU6050 的 6 個參數
020: // 每 10 個週期為一筆特徵資料
021: #define SENSOR_PARA 6
022: #define PERIOD 10
023:
024: //------------全域變數------------
025: // 神經網路模型
026: Flag_Model model;
027:
028: // 感測器的物件
029: Flag_MPU6050 mpu6050;
030: Flag_Switch collectBtn(19);
031: Flag_Switch lockBtn(18);
032:
033: // 伺服馬達物件
034: Servo servo;
035:
036: // 即時預測會用到的參數
037: float sensorData[PERIOD * SENSOR_PARA];
038: uint32_t sensorArrayIdx;
039: uint32_t collectFinishedCond;
040: uint32_t lastMeasTime;
041: //--------------------------------
042:
043: // 傳送 LINE 訊息
044: void notify(){
045:    String ifttt_url = IFTTT_URL;
046:
047:    HTTPClient http;
048:    http.begin(ifttt_url);
049:    int httpCode = http.GET();
050:    if(httpCode < 0) Serial.println("連線失敗");
051:    else           Serial.println("連線成功");
052:    http.end();
053: }
054:
055: // 密碼 : 213
056: uint8_t pwd[] = {2, 1, 3};
057:
058: // 狀態
059: enum{FIRST_WORD,SECOND_WORD,THIRD_WORD,TOTAL_STATE};
060:
061: // 狀態變數
062: uint8_t state = FIRST_WORD;
063:
064: // 密碼檢查
065: void pwdCheck(uint8_t gesture){
066:    // 狀態機
067:    if(gesture == pwd[state]) {
068:       state++;
069:    }else{
070:       Serial.println("輸入密碼錯誤，請重新輸入");
071:       state = FIRST_WORD;
072:    }
073:    if(state == TOTAL_STATE){
074:       Serial.println("解鎖成功");
075:       servo.write(UNLOCK);
076:       notify();
077:       state = FIRST_WORD;
078:    }
079: }
080:
081: void setup() {
082:    // 序列埠設置
083:    Serial.begin(115200);
```

```
084:
085:    // MPU6050 初始化
086:    mpu6050.init();
087:    while(!mpu6050.isReady());
088:
089:    // 設定伺服馬達的接腳
090:    servo.attach(33, 500, 2400);
091:    servo.write(LOCK);
092:
093:    // 腳位設置
094:    pinMode(LED_BUILTIN, OUTPUT);
095:    digitalWrite(LED_BUILTIN, HIGH);
096:
097:    // Wi-Fi 設置
098:    WiFi.begin(AP_SSID, AP_PWD);
099:    while(WiFi.status() != WL_CONNECTED) {
100:      Serial.print(".");
101:      delay(500);
102:    }
103:    Serial.println("\n成功連上基地台!");
104:
105:    // 清除蒐集資料會用到的參數
106:    sensorArrayIdx = 0;
107:    collectFinishedCond = 0;
108:    lastMeasTime = 0;
109:
110:    // ---------------- 建構模型 --------------------
111:    // 讀取已訓練的模型檔
112:    model.begin("/gesture_model.json");
113: }
114:
115: void loop() {
116:    // ---------------- 即時預測 --------------------
117:    // 當按鈕按下時，開始蒐集資料
118:    if(collectBtn.read()){
119:      // 蒐集資料時，點亮內建指示燈
120:      digitalWrite(LED_BUILTIN, LOW);
```

```
121:
122:    // 每 100 毫秒為一個週期來取一次 MPU6050 資料
123:    if(millis() - lastMeasTime > 100){
124:      // MPU6050 資料更新
125:      mpu6050.update();
126:      sensorData[sensorArrayIdx] = mpu6050.data.accX;
127:      sensorArrayIdx++;
128:      sensorData[sensorArrayIdx] = mpu6050.data.accY;
129:      sensorArrayIdx++;
130:      sensorData[sensorArrayIdx] = mpu6050.data.accZ;
131:      sensorArrayIdx++;
132:      sensorData[sensorArrayIdx] = mpu6050.data.gyrX;
133:      sensorArrayIdx++;
134:      sensorData[sensorArrayIdx] = mpu6050.data.gyrY;
135:      sensorArrayIdx++;
136:      sensorData[sensorArrayIdx] = mpu6050.data.gyrZ;
137:      sensorArrayIdx++;
138:      collectFinishedCond++;
139:
140:    // 連續取 10 個週期作為一筆特徵資料，
141:    // 也就是一秒會取到一筆特徵資料
142:    if(collectFinishedCond == PERIOD){
143:      // 測試資料預處理
144:      float *test_feature_data = sensorData;
145:      for(int i = 0; i < model.inputLayerDim; i++){
146:        test_feature_data[i] =
147:          (sensorData[i] - model.mean) / model.sd;
148:      }
149:
150:      // 模型預測
151:      uint16_t test_feature_shape[] = {
152:        1, // 每次測試一筆資料
153:        model.inputLayerDim
154:      };
155:      aitensor_t test_feature_tensor=AITENSOR_2D_F32(
156:        test_feature_shape,
157:        test_feature_data
```

```
158:       );
159:       aitensor_t *test_output_tensor;
160:       test_output_tensor = model.predict(
161:         &test_feature_tensor
162:       );
163:
164:       // 輸出預測結果
165:       float predictVal[model.getNumOfOutputs()];
166:       model.getResult(
167:         test_output_tensor,
168:         predictVal
169:       );
170:       Serial.print("預測結果: ");
171:       model.printResult(predictVal);
172:
173:       // 找到信心值最大的索引
174:       uint8_t maxIndex = model.argmax(predictVal);
175:       Serial.print("你寫的數字為: ");
176:       Serial.println(maxIndex + 1);
177:
178:       // 檢查密碼
179:       uint8_t gesture = maxIndex + 1;
180:       if(predictVal[maxIndex] >= 0.70){
181:         pwdCheck(gesture);
182:       }else{
183:         Serial.println("信心值不夠，不做密碼判定");
184:       }
185:
186:       // 要先放開按鈕才能再做資料的蒐集
187:       while(collectBtn.read());
188:     }
189:     lastMeasTime = millis();
190:   }
191: }else{
192:   // 未蒐集資料時，熄滅內建指示燈
193:   digitalWrite(LED_BUILTIN, HIGH);
194:
```

```
195:       // 按鈕放開，則代表特徵資料要重新蒐集
196:       collectFinishedCond = 0;
197:
198:       // 若中途手放開按鈕，則不足以形成一筆特徵資料
199:       sensorArrayIdx = 0;
200:   }
201:
202:   // 偵測上鎖按鈕
203:   if(lockBtn.read()){
204:     servo.write(LOCK);
205:     delay(15);
206:   }
207: }
```

1. 第 11～13 行定義了基地台 SSID、基地台密碼、IFTTT 請求路徑，讀者需先進行修改。其中 IFTTT_URL 就是**前面在設定完 IFTTT 小程式後，所複製的網址。**

2. 第 16～17 行定義上鎖與解鎖的角度。

3. 第 31 行建立一個 lockBtn 作為上鎖鈕。

4. 第 44 行 notify() 是傳送 IFTTT 請求的函數。

5. 第 56～79 行依據設計原理做密碼的檢查。

6. 第 91 行代表程式一開始會預設上鎖。

7. 第 112 行讀取 LAB19 所儲存的 gesture_model.json 來建立神經網路。

8. 第 180～184 行依據設計原理建立信心度的閾值。

9. 第 203～206 行是偵測上鎖鈕是否按下的程式，若按下則上鎖。

🖳 實測

建立神經網路會使用到 LAB19 所儲存的 gesture_model.json, 需先將其複製到 LAB20\data 資料夾下 (LAB20\data 資料夾下有預先準備好由我們所訓練好的 gesture_model.json, 讀者也可以直接使用該模型檔進行學習), 再用 ESP32 檔案上傳工具將 gesture_model.json 從電腦端上傳到 ESP32, 上傳方法與 LAB02 相同。

接著再上傳**範例程式 LAB20\LAB20.ino**, 並開啟**序列埠監控視窗**即可進行手勢解鎖門禁實驗。程式起初會預設上鎖, 請嘗試用手勢來解鎖, 若解鎖成功, 則會發送解鎖訊息到 LINE:

您可以再度上鎖, 以進行手勢解鎖的實驗。

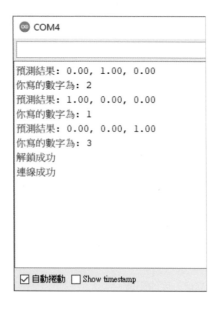

記得到旗標創客‧
自造者工作坊
粉絲專頁按『讚』

1. 建議您到「旗標創客‧自造者工作坊」粉絲專頁按讚, 有關旗標創客最新商品訊息、展示影片、旗標創客展覽活動或課程等相關資訊, 都會在該粉絲專頁刊登一手消息。

2. 對於產品本身硬體組裝、實驗手冊內容、實驗程序、或是範例檔案下載等相關內容有不清楚的地方, 都可以到粉絲專頁留下訊息, 會有專業工程師為您服務。

3. 如果您沒有使用臉書, 也可以到旗標網站 (www.flag.com.tw), 點選 聯絡我們 後, 利用客服諮詢 mail 留下聯絡資料, 並註明產品名稱、頁次及問題內容等資料, 即會轉由專業工程師處理。

4. 有關旗標創客產品或是其他出版品, 也歡迎到旗標購物網 (www.flag.tw/shop) 直接選購, 不用出門也能長知識喔!

5. 大量訂購請洽

　　學生團體　　訂購專線：(02)2396-3257 轉 362
　　　　　　　　傳真專線：(02)2321-2545

　　經銷商　　　服務專線：(02)2396-3257 轉 331
　　　　　　　　將派專人拜訪
　　　　　　　　傳真專線：(02)2321-2545

國家圖書館出版品預行編目資料

Flag's 創客.自造者工作坊：
用 ESP32 x Arduino IDE 學 AI 機器學習 /
施威銘研究室著 -- 初版.
臺北市：旗標科技股份有限公司, 2022.06　面；公分

ISBN 978-986-312-716-1(平裝)

1.CST: 微電腦 2.CST: 微處理機 3.CST: 電腦程式設計
4.CST: 機器學習

471.516　　　　　　　　　　111006178

作　　者／施威銘研究室

發 行 所／旗標科技股份有限公司

　　　　　台北市杭州南路一段15-1號19樓

電　　話／(02)2396-3257(代表號)

傳　　真／(02)2321-2545

劃撥帳號／1332727-9

帳　　戶／旗標科技股份有限公司

監　　督／黃昕暐

執行企劃／陳定瑜

執行編輯／陳定瑜‧施雨亨

美術編輯／薛詩盈

封面設計／薛詩盈

校　　對／黃昕暐‧陳定瑜‧施雨亨

行政院新聞局核准登記-局版台業字第 4512 號

ISBN　978-986-312-716-1

Copyright © 2022 Flag Technology Co., Ltd.
All rights reserved.